3판

FASHION DESIGN

패션상품 디자인기획
포트폴리오 완성하기

PLANNING

3판

FASHION
DESIGN

패션상품 디자인기획
포트폴리오 완성하기

PLANNING

엄소희 · 장윤이 지음

교문사

우리는 혼란과 혼돈의 환경 속에서 다양한 문화와 산업이 서로 영향을 주며 움직이고 있는 시대를 당연하게 만나고 있다. 패션이라는 산업과 거리가 있어 보였던 IT 기술이 만나 IOT 패션상품을 만들어내기도, 나노바이오 기술과 만나 땅속에 버려져도 곧 토양화되는 원단을 만들어내기도 하는 세상이 되었다. 이제 패션산업 역시 기존의 연관된 산업 영역에서 벗어나 새로운 산업과의 만남을 통해 새로운 문화를 만들 준비를 시작했다.

기획자들은 다음 시즌을 준비하기 위해 컬러와 소재 등의 디자인 요소 외에 변화하는 시간과 산업, 문화의 흐름을 읽고 소비자의 빠른 의식변화를 공부해야 한다. 따라서 본서의 개정판에서는 패션산업 분야의 변화된 유통과 그에 따른 전문가 그룹의 변화 그리고 사회 의식변화가 만들어낸 새로운 소비자를 이해하기 위한 내용 등 변화된 사회를 반영하기 위한 내용을 추가하였다.

본서는 총 3개의 파트로 나누어 패션디자인 산업과 브랜드에 대한 내용을 시작으로 패션상품을 개발하는 프로세스 각 단계별로 이미지 예시와 함께 정리하였으며, 이러한 프로세스를 단계별로 적용한 포트폴리오 작품을 복종별로 수록하여 이해를 돕고자 하였다. 그리고 이러한 흐름에 집중할 수 있도록 수차례의 내용 정리를 통해 가능한 한 압축된 내용으로 구성하며 어느새 첫 번째 출판 이후 두 번의 개정을 거친 세 번째의 출판을 하게 되었다.

PART 1은 패션상품 디자인과 패션산업에 대한 개념을 소개하고 패션산업을 구성하고 있는 브랜드와 상품을 분류별로 나누어 정리하였다.

PART 2는 패션 브랜드를 기획하기 위해 정보분석을 시작으로 표적시장을 설정하고 자사 브랜드의 전략을 어떻게 설정해 나갈 것인지를 설명하는 내용을 담았다. 그리고 이를 통해 만들어진 브랜드의 컨셉에 적합한 상품을 기획하기 위한 세부적인 단계를 하나하나 소개하는 내용으로 정리하였으며 개정판에서는 VMD 기획에 대한 내용을 다양한 시각자료와 함께 추가하였다.

패션 포트폴리오의 유형에 대한 소개와 제작방법을 소개한 PART 3에서는 개정과 함께 자신에 대한 소개를 포트폴리오에 어떻게 담을지에 대한 고민을 함께 풀어보고자 몇 가지 시각적인 예시와 함께 자기소개 페이지 제작에 대한 내용을 추가하였으며, 포트폴리오의 실제 챕터에 여성 실버 브랜드 제작을 위한 디자인기획 포트폴리오를 추가하여, 보다 다양한 브랜드 기획 아이디어에 도움을 주고자 하였다.

본서의 첫 집필 시 머리말에도 적었듯 패션상품을 기획하는 과정은 넓게 보면 모든 산업에서 활용되는 기획의 과정이다. 우리가 만나게 될 새로운 시공간에서도 우리는 역시 그 과정을 통해 새로움을 만들어 낼 것이며 그 과정에 여러분 각자의 개성과 멋을 발휘해 나가기를 바란다.

세 번째 개정판을 집필할 수 있도록 공부하고 가르치고 준비하는 데에 본서를 활용해주신 분들에게 감사드리며 자료 활용을 해주신 분들과 개정판 제작을 위해 고생하신 교문사 직원분들께 감사를 전한다.

2022년 2월
엄소희·장윤이

패션산업은 상품이 기획되고 만들어져 유통, 판매되기까지 단계별로 다양한 과정을 거쳐 이루어지는 체계적인 산업이다. 대기업을 통해 국내에 기성복이 본격적으로 소개되기 시작한 이후부터 SPA 브랜드의 시장 확대와 1인 패션기업의 등장까지, 최근 기업의 유형이 다양해지고 새로운 시스템이 도입되었지만, 패션산업에 있어 상품의 디자인기획은 여전히 가장 중요한 과정이다.

상품기획 과정의 각 단계별 전문가가 자신의 범위에 한정된 업무만을 진행했던 과거와는 달리 현대에 들어서는 다양한 매체와 유통 구조를 통해 글로벌 브랜드와 상품이 소개되면서 브랜드 간 경쟁이 더욱 넓은 범위로 확대되었으며, 소비자의 고감도와 기호의 빠른 변화로 인해 업무 영역의 범위가 확대되었다. 따라서 상품기획 과정의 단계별 업무와 특징을 얼마나 정확히 이해하고 실행하느냐에 따라 체계적이고 전문적인 상품개발이 가능하며, 이러한 기술이 브랜드의 성공여부를 좌우하게 된다.

또한 디자이너는 디자인개발 외에도 머천다이징과 마케팅, 판매관리 등 전 과정을 책임질 수 있어야 한다. 이로 인해 보다 효율적인 결과물을 만들어 낼 수 있으며 동시에 디자이너가 직접 패션기업을 운영하거나 책임자의 역할을 하는 데에 적합한 자질을 갖출 수 있다.

필자는 패션상품의 디자인 과정을 설명하고 후학들이 전공지식과 현장의 실무과정을 이해하며, 취업과 진학을 위한 자신의 포트폴리오를 만드는 데 도움을 주고자 집필을 시작하였다.

본서는 총 3개의 PART로 구성되어 있다. PART 1은 패션상품 디자인과 패션산업에 대한 개념을 소개하고 패션산업을 구성하고 있는 브랜드와 상품을 분류별로 나누어 정리하였다. PART 2는 브랜드 런칭을 위한 정보분석부터 브랜드 컨셉 설정, 디자인개발, 생산 과정의 단계별 예시와 학생들의 포트폴리오 사례 등 패션브랜드의 상품개발 프로세스에 대한 전반적인 내용에 대해 구성하였다. PART 3에서는 패션 포트폴리오의 유형에 대한 소개와 제작방법을 정리하였다. 또한 포트폴리오 제작 목적을 여성복과 남성복 브랜드의 상품개발용, 졸업패션쇼 기획용, 온라인 패션쇼 기획용, CAD 프로그램을 이용한 스타일 개발용, 패션쇼 기획용, 창업 기획용, 그리고 해외유학용 등의 목적에 따라 총 7가지의 포트폴리오 사례를 제시함으로써 구성과 아이디어를 잡을 때 시각적으로 도움이 되고자 하였다.

패션상품 디자인기획은 넓게 보면 모든 산업에서 활용되는 기획의 과정이기도 하다. 본서는 패션에 관한 기초지식을 필요로 하는 입문자부터 학습의 마무리를 준비하는 전문가까지 한 권의 책으로 내용을 이해할 수 있도록 패션의 시작과 포트폴리오로서 마무리하는 과정에 대한 자료들을 다양하게 모아 수록하였다.

여러 가지로 미흡한 부분이 많지만 패션디자인을 전공하는 학생들에게 실질적인 도움이 되기를 바라며, 그동안 도움을 주신 많은 분들께 감사의 말씀을 드린다. 먼저 실무 자료를 제공해 주신 여러 패션업체와 포트폴리오의 사례를 보여준 학생들에게 감사와 사랑을 전한다. 그리고 책이 완성되기까지 어려움을 함께 해주신 교문사의 직원분들께 고마운 마음을 전한다.

2013년 8월
엄소희·장윤이

차례

PART 2-2 패션상품 디자인개발

PART 1

패션상품 디자인과 산업

CHAPTER 01
패션과 패션디자인

FASHION & FASHION DESIGN

1. 패션

1) 패션의 정의

❚ 패션

패션은 새로운 상품이나 경향이 사회에 소개된 후 특정시기에 많은 소비자에게 받아들여져
유행하는 양식 또는 유행하는 스타일로 채택되어가는 사회적 전파 과정을 의미한다.

패션과 유사한 의미로, 새로운 패션이 발표되는 단계를 모드(mode)라고 하며,
소개된 모드가 점차 대중화되는 단계를 패션(fashion), 이후 유행이 정착되어
다른 것들과 하나의 대상을 구별하는 특징적인 형태로 남게 된 패션을 스타일
(style)이라고 한다.

또한 유행을 일컫는 단어로, 갑자기 소개되어 급격하게 전파되는 유행을 붐
(boom)이라 하며, 1년 전후의 짧은 기간 동안 진행되다 곧 사라지는 유행을
패드(fad), 패드와 같이 일시적이나 매우 열광적이고 급격히 퍼져나가는 유행
을 크레이즈(craze), 동시에 존재하는 유행 중 가장 많이 채택되는 유행을 포드
(ford), 유행 후 오랜기간 동안 채택되어 시간을 초월하여 그 가치를 인정받는
스타일을 클래식(classic)이라 한다.

그림 1 패션의 종류

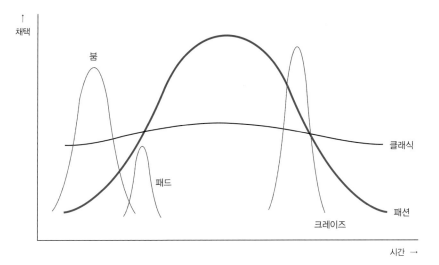

2) 패션의 속성 및 전파이론

▌패션의 속성

패션은 시대를 반영하며 계속 변화한다. 각각의 패션은 유행과 소멸 또는 정착의 과정을 겪고, 후에 과거의 유행이 다시 변형되어 나타나기도 한다.

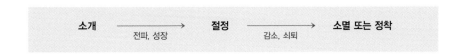

(1) 패션의 속성

① 가변성
변화를 통해 등장한 새로운 패션에 의해 대중의 기호와 유행이 변화하고 그 변화가 더 이상 새롭지 않게 되면 새로운 변화 요인이 패션의 변화를 만들어 내는 가변성을 갖는다.

② 모방성
패션의 유행은 타인의 스타일을 모방하려는 심리적 욕구에 의한 대중 간의 동조행동이 패션의 유행을 만들어내고, 유행이 또 다른 모방을 통해 전파되면서 패션이 확산된다.

③ 반복성

새로운 패션은 지난 시대 패션의 부활 또는 재해석을 바탕으로 한 영감을 통해 창작되며 이를 통해 하나의 패션은 또 다시 반복되어 대중에게 소개된다.

④ 주기성

패션의 유행은 새로운 패션이 등장하고 기존 패션이 소멸하는 과정이 끊임없이 되풀이되는 주기성을 갖는다. 이러한 패션의 주기적 사이클 현상은 다양한 영향에 의해 창조, 소개, 채택되어 정착, 소멸되는 과정을 겪게 된다.

- 소개기: 선도적 디자이너나 의류업체에 의해 새로운 패션상품 또는 스타일이 시장에 소개되는 단계로 소수 혁신소비자들에 의해 채택되는 단계
- 성장기: 전파기 또는 상승기라고도 하며 초기수용자(패션리더)에 의해 패션이 채택되고 패션기업에서는 다양한 판촉을 통해 사회적 가시도를 증가시키는 확산의 단계
- 성숙기: 패션추종자, 대중 간의 동조욕구로 패션의 인기가 절정에 이르고 모방상품이 등장하면서 유행이 최고에 달하는 단계
- 쇠퇴기: 유행이 식상해지고 지루해짐에 따라 대중의 관심과 구매가 감소하는 단계로 패션기업에서는 가격인하 정책을 통한 재고처분 판매가 시작되는 단계
- 소멸기: 대중의 외면에 의해 잊혀지고 소멸되는 패션주기의 마지막 단계로 기존의 패션이 사라져 가는 동안 패션리더들은 새로운 패션을 찾는 단계

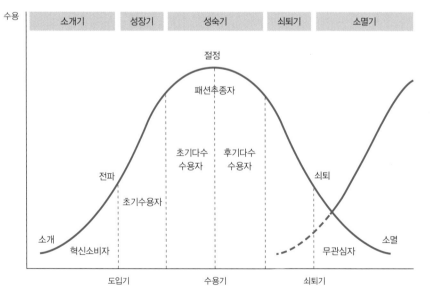

그림 2 패션 사이클

(2) 패션의 전파 이론

▌ 패션의 전파

패션의 전파는 새로운 패션 스타일이 소개된 후 확산되는 과정의 방향과 경로이다.

- 하향전파 이론 · 상향전파 이론 · 수평전파 이론 · 집합선택 이론

① 하향전파 이론 trickle-down theory

사회 경제적 상류계층으로부터 하위계층으로 패션이 전파된다는 게오르크 지멜(Georg Simmel)의 이론이다. 과거 봉건시대나 계급이 존재했던 20세기 이전에 볼 수 있었던 주요 전파 이론으로, 상류계층의 패션을 통해 그들과 동일해지려는 욕망이 중류계층으로 모방되고 중류계층의 패션이 하류계층으로 다시 모방되는 패션 행동이 나타난다는 주장이다.

ex 스타패션 따라 하기, 정치인, 재벌 상속녀의 패션에 대한 관심 등

② 상향전파 이론 bottom-up theory

사회, 경제적 지위가 낮은 계층인 하위문화집단 또는 낮은 연령층의 패션이 사회전반으로 전파된다는 그린버그(Greenberg)와 글린(Glynn)의 이론으로 하위문화선도이론(subculture leadership theory)이라고도 한다. 다양한 문화로부터 패션이 영감이 응용되고 있는 현대패션에서 부각되고 있는 이론으로, 아무 제약 없이 자유롭게 표현된 하위문화의 독창적인 패션이 대중에게 쉽게 공감되어 확산, 전파된다는 주장이다.

ex 60년대 히피룩, 70년대 펑크룩, 90년대 힙합과 같은 스트리트룩, 탄광용 작업복이던 청바지의 대중적 유행 등

③ 수평전파 이론 trickle-across theory

패션이 비슷한 사회계층 내에서 수평적으로 전파, 확산된다는 1960년대 킹(King)의 이론이다. 연령이나 직업, 취미, 라이프스타일에 따라 만들어진 여러 집단에서 새롭게 소개된 유행이 모방을 통해 집단 내에서 횡적으로 이동하며 확산된다는 주장이다.

ex 교복변형의 유행, 청소년 집단 간의 유행, 커리어우먼 스타일 등

④ 집합선택 이론 collective selection theory

유행과 관련한 사회현상과의 영향력을 강조한 이론으로 1960년대 초 사회학자 블루머(Blumer)와 스멜서(Smelser) 등에 의해 주장되었다. 일정한 시기에 일정 지역에서 다수 집단 내 소비자들이 공통적 취향(collective taste)을 갖게 되며 이들이 타 계층과 차별화되고자 하는 욕구에 의해 집합적인 선택을 하게 된다는 이론이다.

ex 아이비 룩, 강남스타일, 월드컵 시즌의 붉은악마 티셔츠

2. 패션디자인

1) 패션디자인의 개념

┃ 패션디자인

패션(fashion)을 위한 디자인(design)으로, 인간의 미적 표현 욕구와 신체보호를 위한 기능적인 욕구, 그리고 다양한 사회 환경과 개인의 심리적 요인에 따른 욕구를 유행과 디자인 요소의 조화를 통해 예술적으로 구성하고 인간의 피부 위에 조화시키는 작업이다.

패션디자인은 의복의 신체보호라는 기능적 조건 외에 개인의 심리적 요인과 사회환경 요인을 소재의 특성에 맞게 시각적으로 아름답게 표현하는 디자인 과정을 통하여 의복 자체의 가치를 증가시키고 착용자에게 만족감을 주는 결과물을 만들어내는 작업을 의미한다.

그림 3 패션디자인의 개념

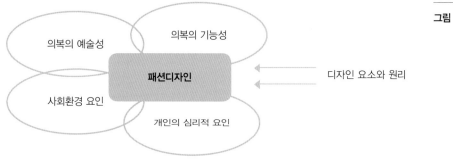

2) 패션디자인의 기본 조건

▌ 패션디자인의 기본 조건

패션디자인의 기본적인 조건은 '용(用)'과 '미(美)'라는 실용성과 아름다움을 겸비하는 것이며,
구체적으로는 기능성, 합리성, 심미성, 창조성, 경제성을 갖추는 것을 말한다.

패션디자인은 인간의 신체를 보호하고 움직임에 지장을 주지 않으며, 인간의 미
적 욕구와 감각을 표현하므로 의복을 입는 대상에 대한 이해가 필요하다. 또한
사회적 환경이나 목적과 부합된 의복에 대한 만족도가 높은 현대 의복의 특성
상 패션디자인은 제품과 의복을 입는 대상에 대한 보다 섬세하고 지속적인 연
구가 필수적이라 할 수 있다.

(1) 기능성
현대 복식은 신체보호와 실용성이라는 구체적 목적을 만족시키는 도구로서의
기능성은 물론이고, 의복 착용자의 감성적, 심리적 욕구를 표현하고 충족시키
는 기능을 가지며 이를 통해 의복을 통한 커뮤니케이션이 이루어진다.

(2) 합리성
패션의 디자인은 의복이 입혀지는 때와 장소와 대상에 적합한 재료와 소재를
사용하여 적합한 방법으로 제작되어야 하며, 신체에 대한 안전성과 사용 목적
에 알맞게 만들어져 실제 사용에 부합되어야 하는 조건을 의미한다.

(3) 심미성
입는 이와 조화를 이루며 정신적, 실용적 만족에 대한 욕구 충족을 기본으로
한다는 조건으로, 아름다움의 추구라는 공통된 미의식과 사회적 환경에 따라
다양하고 변화 가능한 개인적인 아름다움을 동시에 표현해야 하므로 가장 폭
넓게 고려되어야 하는 부분이다.

(4) 창조성
창조성은 예술의 기본적 요소로 주관성과 객관성을 동시에 고려하여 새로운
아이디어에 의한 기능적이고 독창적인 조형물을 창출하는 실천적 발상으로, 변
화가 빠른 소비자의 기호에 앞선 제품을 만들어낼 수 있는 기본적 요소이다.

(5) 경제성

패션은 순수 예술이 아닌 상업 예술의 한 분야이다. 따라서 재료의 선택, 구조, 제작 공정에 이르기까지 가능한 최소의 비용으로 최대의 효과를 내는 경제적 가치가 고려되어야 한다. 의복 또한 용도나 착용 목적에 따른 적절한 비용으로 제작되어야 한다.

3) 패션디자인 프로세스

패션디자인의 프로세스는 크게 디자인의 개발 과정을 거쳐 디자인의 상품화 과정으로 이루어진다. 디자인개발 과정에서는 설정된 목표에 따라 디자인 컨셉을 설정한 후 이를 바탕으로 디자인 요소와 재료가 더해져 디자인을 구상한다. 그리고 구체적인 계획과 설계로 실체화하게 된다. 이 과정에 이어 디자인의 상품화 과정에서는 설계된 디자인이 샘플제작 및 대량생산을 통해 상품으로 제작되어 판매가 시작되고 소비자의 구매활동과 판매결과의 분석을 통해 다시 디자인의 개발 초기로 피드백되는 순환을 거치게 되는데 이 전 과정을 패션디자인 프로세스라 한다.

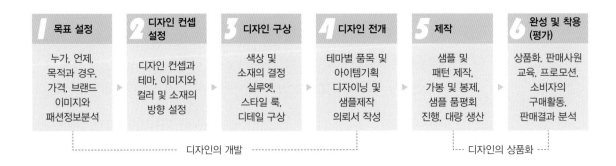

그림 4 패션디자인 프로세스

CHAPTER 02
패션산업과 패션브랜드 상품

FASHION INDUSTRY AND FASHION
BRAND PRODUCTS

1. 패션산업

1) 패션산업의 개념 및 발전단계

❙ 패션산업

패션산업(fashion industry)이란 의류산업 외에도 패션과 관련된 상품을 생산, 판매하고 알리는 모든 산업을 의미한다. 예를 들어 소재 생산업과 소재 판매업, 의류 제조업과 판매업, 부자재 제조업과 판매업, 액세서리 등의 관련업, 패션 관련 출판업과 교육사업, 패션 광고업, 패션 컨설팅, 패션 정보업, 패션 수출입 비즈니스 등과 같은 보조 관련 사업 등을 말한다.

패션산업은 좁게는 어패럴 산업을 일컫지만, 관련 산업 간의 유기적 협력을 필요로 하는 패션산업의 특성상 보다 넓은 범위의 다양한 산업군이 패션산업의 범주에 포함된다. 〈표 1〉은 패션산업의 범주를 인간의 신체를 기준으로 가장 가까운 범위에서 점차 확대된 범위로 넓혀 나가면서 패션산업의 범주를 분류한 것이다. 인간의 신체와 직접적 연관성이 있는 건강과 뷰티, 스포츠산업의 범위를 제1생활공간이라 하였으며, 신체에 입혀지는 의복을 기준으로 어패럴 산업 및 기타 패션 관련 산업, 그리고 패션 지식산업의 범위를 제2생활공간이라 분류, 가장 좁은 의미의 패션산업이 이에 해당한다. 그리고 인간이 거주하는 장소와 관련된 산업을 제3생활공간, 그리고 그 외 사회 환경적 범위를 제4생활공간으로 구분하여 광의의 패션산업 안에 모두 포함하였다.

표 1 패션산업의 범주

범위	광의의 패션산업				
		협의의 패션산업			
분류	제1생활공간 (Health & Beauty)	제2생활공간 (Wardrobe)		제3생활공간 (Interior)	제4생활공간 (Community)
		패션제품	어패럴 및 복식, 액세서리 산업		
해당산업	•뷰티 관련 산업 (화장품, 이·미용) •클리닉산업 •건강용품, 식품산업	섬유직물 부자재	•섬유산업 및 관련 과학 산업 •직물, 직조, 편직산업 •모피, 원단 및 염색 가공 산업 •부자재 산업 및 소재 판매업	•가정용품 산업(생활 잡화, 침구, 가구, 조명, 가전 등) •인테리어 산업	•주택산업 •자동차산업 •외식산업 •숙박, 레저 숙식업
		유통 및 정보, 교육	•패션 도·소매 및 유통 산업 •패션 미디어 산업 •패션 정보분석 및 연구 산업 •광고 및 홍보대행 산업 •패션 교육 산업		

우리나라의 패션산업은 1960년대 제조업을 중심으로 발달하여, 1990년대 이후 패션산업의 핵심이 패션기획과 유통으로 옮겨가는 일대 전환기를 거쳤다. 2000년대 들어서면서 패션산업의 글로벌화로 국내외 패션업체 간의 경쟁과 소비자 라이프스타일의 다양화, 그리고 소비의 양극화 현상에 의한 시장세분화 현상이 나타났으며, 2010년대 후반부터 ICT, 4차 산업혁명 기술의 활용과 동시에 지속가능한 섬유패션 생태계를 위한 제품 개발을 시작하고 있다.

표 2 국내 패션산업의 발전단계

성장과정	시기	의류산업구조 및 특성	대표적인 패션업체
태동기	1960~ 1979년	**양적 추구시대** •대기업의 기성복 산업 진출과 대량생산 •수출 급신장과 수출 주도형 대량생산 •임금 노동력 확보	•양복·양장업계와 대기업의 공존(반도, 제일모직, 한일합섬, 코오롱 등) •섬유업체
도입기	1980년대 전반기	**질적 추구시대** •대기업의 내셔널 브랜드, 라이센스 브랜드 도입 •수출신장과 중소업체의 기성복 진출	중소전문업체 (논노, 대현, 나산, 성도, 이랜드, 뱅뱅 등)
성장기	1980년대 후반기	**감성의류 욕구시대** •수출 둔화, 내수신장, 생산비 증가 •88올림픽 영향으로 스포츠, 캐주얼 시장의 발달	고감도 패션업체 (데코, 보성, 태승 등)
성숙기 I	1990년대	**고감도 캐주얼 및 개성시대** •교복자율화 영향으로 캐주얼브랜드 및 단품판매 활성화 •유통개방으로 해외생산, 유통 다각화	고감도 캐주얼 및 수출전문 업체(한섬, 일경 및 유림, 신원 등)
성숙기 II	2000년 이후	**글로벌 경쟁시대** •해외소싱 및 직수입브랜드 •유통다각화 및 브랜드 간 경쟁심화	•세계적 명품 브랜드, 할인점, •고감도 남성복, SPA 브랜드

2) 패션산업의 특성

▌ 패선산업의 특성

- 스피드 경영이 필요한 유행 산업
- 고부가가치 산업
- 단계별 아웃소싱이 가능한 협력 산업
- 첨단산업과의 연계성이 높은 기술 산업
- 사회·문화·예술과의 연계성이 높은 감각 산업
- 지식집약 및 정보지향 산업
- 소비자 지향 산업

(1) 스피드 경영이 필요한 유행 산업

고객의 욕구와 유행의 빠른 변화에 신속하고 탄력적으로 대응해야 하는 산업이다. 따라서 QR(반응생산)이나 스피드 상품의 비중을 늘리거나 대기업 중심의 패선업체가 보다 가벼운 조직으로 전문화되거나 전문적인 디자이너팀을 영입하여 다양한 브랜드를 전개하는 등 패선업체의 다운사이징 현상이 증가하고 있다.

(2) 사회·문화·예술과의 연계성이 높은 감각 산업

다양한 사회·문화·예술적 환경에 노출되어 있는 소비자의 기호와 유행경향이 기존에 제시되었던 경향과는 다르게 변화하거나 일시적인 선호도가 증가하는 등의 증가하고 있는 현대패션에서는 이러한 환경적 흐름을 끊임없이 관찰하여 상품에 적용해야 한다.

(3) 고부가가치 산업

패선산업은 물리적 가치 외에도 디자인, 유행성, 디자이너의 미적 표현 방법 등 패선상품이 만들어지는 과정에서의 상품적 특징이나 판매 방법과 서비스, 브랜드 고유의 심리적, 감각적 이미지에 의해 그 가치가 상대적으로 평가되는 고부가가치 산업이다.

(4) 지식집약 및 정보지향 산업

패선산업은 국내외 패선정보와 변화무쌍한 소비자 라이프스타일의 변화로 급변하는 패선시장에 대한 지속적이고 정확한 정보수집 및 분석이 필요한 지식 및 정보지향 산업이다.

(5) 단계별 아웃소싱이 가능한 협력 산업

아웃소싱은 외부의 전문 업체를 통해 업무를 진행하는 방식으로 패션산업은 상품의 생산에서 유통, 판촉까지 각 단계별 세분화되고 전문화된 아웃소싱이 가능한 산업이다.

(6) 소비자 지향 산업

패션상품 간의 경쟁에서 소비자가 선택하는 상품을 만들어내기 위해 패션기업은 신속한 유행요소의 변화 외에도 우선적으로 고급화, 개성화되어 가는 소비자들의 욕구와 라이프스타일을 파악하고 반영하여야 한다.

(7) 첨단산업과의 연계성이 높은 기술 산업

의복에 대한 다양한 기능이 요구되면서 첨단 기술과 의복이 기능적인 디자인으로 접목되거나 의복의 디자인, 패턴, 컬렉션에 첨단 컴퓨터를 이용한 작업이 증가하고 웨어러블 컴퓨터나 고객의 바디 사이징 시스템, 무인 물류 체계 등 첨단산업과의 연계가 빠르게 진행되고 있다.

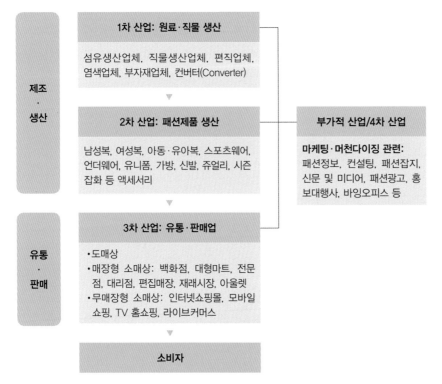

그림 5 패션산업의 구조

3) 패션산업의 스페셜리스트

패션산업은 관련 산업의 협력이 필요한 만큼 패션산업과 관련 산업에 종사하고 있는 패션 스페셜리스트 역시 다양하다. 1인 다역의 노동집약적 업무가 주를 이루던 과거 패션산업에 비해 현대 패션산업은 보다 세분화 되고 있으며, 최근에는 인터넷과 모바일 쇼핑 등 다양한 미디어를 활용하는 유통·판매업의 세분화 함께 이와 관련된 스페셜리스트가 새롭게 등장하고 있다.

그림 6 패션산업의 스페셜리스트

(1) 텍스타일 디자이너 Textile Designer

패브릭 트렌드 정보수집 및 분석을 통해 소비시장에 적합한 컬러, 패턴, 제작방법 등에 따른 섬유 및 원단을 개발, 생산 또는 구매하는 업무 담당자이다.

(2) 패션 애널리스트 Fashion Analyst

패션에 관한 다양한 분석 업무를 담당하며 기업에 소속되어 기업에서 필요한 정보를 수집, 분석하는 업무를 진행하거나 독립적으로 업무를 진행하며 패션 전반에 걸쳐 논평을 진행하기도 한다.

(3) 컬러리스트 Colorist

컬러리스트는 색채에 관한 모든 업무를 담당하며 브랜드 이미지와 컨셉에 따른 컬러를 설정하고 시즌별 트렌드 컬러 정보를 바탕으로 상품기획의 전체적인 컬러의 진행을 설정하는 업무를 담당한다.

(4) 패션 컨버터 Fashion Converter

패션 컨버터는 어패럴 브랜드에 패션상품을 제조, 납품하는 직물 가공 판매자를 말한다. 따라서 직물 또는 패션 상품의 제조업체들보다 빠르게 트렌드 정보를 수집, 분석해야 하며 거래처별 특성을 이해하고 이를 제품에 적용하는 능력이 필요하다.

(5) 패션 머천다이저 Fashion Merchandiser

머천다이저(MD)는 상품기획 부문의 총괄자로 새로운 브랜드 개발과 기획은 물론, 시즌 상품기획에서 판매까지 폭넓은 직무 영역을 담당하는 상품 책임자이다.

① 어패럴 머천다이저 Apparel Merchandiser

소비자의 필요나 욕구를 예측하여 상품으로 구현하는 상품기획과 개발업무부터 소비자의 구매동기를 유발하는 판매기획까지의 마케팅 업무를 담당한다.

② 리테일 머천다이저 Retail Merchandiser

유통업에서 머천다이징을 담당하는 업무자로 어패럴 머천다이저에 의해 기획, 제조된 패션상품을 구매, 판매기획, 판매촉진기획 등의 업무를 담당하며 패션 바이어의 역할을 함께 수행하기도 한다.

(6) 패션 디자이너 Fashion Designer

패션상품의 디자인을 개발하는 디자이너로 예술적 독창성을 바탕으로 트렌드와 소비시장, 브랜드 컨셉에 적합한 상품을 기획, 개발하는 업무를 담당한다.

(7) 패션 일러스트레이터 Fashion Illustrator

패션제품이나 패션이미지를 표현하기 위한 스케치 및 일러스트를 그리는 직업으로, 최근에는 광고 및 홍보를 위해 사용되는 일러스트를 그리거나 일러스트 자체를 상품화하여 그리는 업무까지 그 영역이 확대되고 있다.

(8) 패션 코디네이터 Fashion Coordinator

머리에서 발끝까지의 스타일을 패션상품의 조화로운 연출을 통해 표현하는 역할을 담당하며, 현재는 가수나 영화배우, 탤런트 등 대중적인 공인의 이미지를 만들고 이에 따른 스타일을 연출하는 직무 담당자를 칭하는 용어로 주로 사용된다. 코디네이터와 유사한 직무용어로 패션 스타일리스트, 패션 디렉터 등이 있다.

(9) 디스플레이 디자이너 Display Designer

VMD(Visual Merchandising Designer)라고도 하며 매장 내외의 상품진열 및 인테리어를 담당하는 업무자이다. 디스플레이를 통해 매장의 이미지를 브랜드의 이미지와 동일시하면서도 소비자로 하여금 브랜드 이미지를 가장 먼저 느끼도록 하는 역할을 한다.

(10) 패터니스트 Patternist

패터너(Patterner)라고도 하며 패션상품의 샘플 및 대량생산을 위한 패턴을 제작, 수정하는 업무를 진행한다. 과거 디자이너가 패터니스트를 병행하기도 했으나 업무의 세분화로 패터니스트 역시 전문적인 분야로 독립되어 상품개발 업무의 영역이 되었다.

(11) 그레이더 Grader

디자인을 위해 만들어진 패턴을 사이즈별로 전개하는 업무자이다. 과거의 수작업 그레이딩에서 최근에는 컴퓨터 작업으로 변화되었으며 브랜드별로 정해진 사이즈별 평균치수를 기준으로 패턴의 사이즈 전개를 담당한다.

(12) 모델리스트 Modelist

디자인을 위해 그려진 스타일화를 바탕으로 광목을 사용하여 마네킹 위에 직접 입체패턴을 제작하는 전문가를 말하며 디자이너나 패터니스트가 이 업무를 병행하기도 한다.

(13) 인스펙터 Inspector

규정된 검사기준에 따라 생산된 완제품의 품질을 검사하는 담당자이다. 패션업체 내에서는 개발부서 내 업무자가 인스펙터를 병행하는 것이 일반적이며 품질검사 전문 업체의 경우 검사업무만을 담당하는 전문가가 존재한다.

(14) 패션 바이어 Fashion Buyer

유통의 과정에서 상품을 구매하는 상품기획자로 상품구매와 판매, 판매촉진, 재고관리 등의 업무를 담당하며 리테일 머천다이저와 유사한 역할을 한다.

(15) 샵 마스터 Shop Master

생산자의 상품을 소비자의 니즈를 고려하여 조언, 판매하는 역할과 매장 내 재고와 매출을 관리하고, 소비자 반응을 생산자에게 전달하는 등 생산자와 소비자를 연결하는 역할을 담당한다.

(16) 퍼스널 쇼퍼 Personal Shopper

최근 유통업계의 차별화 전략과 개인의 사회적 이미지를 개선하고자 하는 노력이 부각되면서 가장 최근 등장한 직업 중 하나로, 개인 또는 유통업계와 같은 기업에 속해 고객의 성향과 예산에 적합한 상품으로 고객의 이미지를 개선하는 상품을 추천하는 직업이다.

(17) 패션 에디터 Fashion Editor

신문, 잡지 등 패션 저널리즘의 편집자로 패션산업 및 소비자에 대한 기사를 작성하여 대중에게 소개하는 전문가로 패션 감성과 함께 문장 구성능력 및 사회 전반에 대한 지식을 두루 보유하여 시대에 맞는 콘텐츠를 기획, 작성하는 업무를 담당한다.

기획·유통

- **SPOT 기획**

  상품기획 단계에서 준비되지 않은 제품을 시장반응에 따라 추가 생산하는 기획.

- **SPA 브랜드**(Specialty store retailer of Private label Apparel brand)

  패스트 패션 브랜드(fast fashion brand)라고도 하며 제조사가 브랜드의 자체 디자인, 기획, 대량생산의 주체가 되어 저렴한 가격으로 제품을 공급하고 직접 유통, 판매까지 전 과정을 진행하는 리테일 브랜드. 빠른 상품회전과 함께 소비자 요구의 신속한 상품기획 반영을 특징으로 하는 형태의 브랜드.

- **매스티지 브랜드**(Masstige Brand)

  대중(mass)과 명성(prestige)의 합성어로, 명품 수준의 브랜드 정책을 유지하면서도 대량생산을 통해 가격을 다소 낮춰 명품브랜드와 일반브랜드의 중간에 위치하는 정책의 대중화된 명품 브랜드. 기존 명품브랜드의 서브브랜드(ex: Marc by Marc Jacobs) 또는 중고가 고급 브랜드(ex: Coach), 저가격대 카테고리 내 일부 상품을 고급화하는 브랜드.

- **멀티샵**(Multi Shop)

  일정한 컨셉하에 다양한 브랜드의 상품을 선택, 구성하여 감성 디자인 및 차별화된 상품가치를 선호하는 소비자에게 소개하는 편집샵.

- **플래그샵**(Flag Shop, Flagship Store)

  '깃발을 꽂다'라는 의미로 여러 개의 매장 중에서도 대표적인 본점 또는 대표적인 브랜드의 상품을 내세워 다른 브랜드 또는 다른 상품까지 후광효과를 통해 판매를 유도하는 형태의 매장.

- **로드샵**(가두점: Road shop, Roadside Shop)

  백화점이나 쇼핑몰 등의 점내에 위치한 샵인샵의 형태가 아닌, 도시의 거리에 위치한 독립 점포 형태의 매장으로 주로 대리점 또는 직영점.

판매

- **POS**(Point of Sales)

  판매시점에서 매출관리, 재고관리 등이 실시간으로 관리되는 시스템으로, 판매시점에서 입력한 정보를 통해 매출 및 재고량을 파악할 수 있으며 넓게는 추가생산으로 연결되는 자동관리 시스템.

- **QR시스템**(Quick Response System)

  판매를 통한 재고량 파악이 즉각적으로 이루어져 매장 입고 및 추가 생산으로 자동 연결되는 시스템.

- **P.O.P**(Point of Purchase Advertising)

  구매장소에서의 광고라는 의미로 점포 내 선전광고를 통해 상품을 설명하여 고객의 상품선택을 유도하는 광고.

2. 패션브랜드

1) 패션브랜드의 개념

❚ 패션브랜드

브랜드는 특정 판매자 혹은 판매집단의 제품이나 서비스를 경쟁자의 것과 구별하기 위해 붙인 이름, 심벌, 디자인 혹은 이들의 조합으로, 패션브랜드는 패션기업에서 생산한 패션상품을 타사의 상품과 식별하고 생산 제품과 서비스에 확실한 책임을 지겠다는 의도로 붙여 사용하는 패션 상품의 이름이다.

브랜드라는 용어는 기원전 이집트인들이 자신의 가축을 타인의 것과 구별하기 위해 자기만의 표시를 새겨 넣은 것에서 유래된 것으로, 문맹이 많던 1600년대 상업적인 활동을 알리는 광고의 표시로 사용되어 왔다.

현대 사회에서 브랜드는 단순히 생산자를 구분하는 단계에서 벗어나 제품의 품질이라는 유형적인 측면과 함께 제품의 이미지와 브랜드의 컨셉, 브랜드 레벨, 서비스까지의 무형적인 측면으로 확대 해석되어 소비자의 제품선택에 우선적인 도움을 주고 있다.

2) 패션브랜드의 분류

국내 패션시장에 전개되고 있는 브랜드는 2천여 개 정도로 해마다 많게는 한 해 동안 180개의 새로운 브랜드가 런칭되기도 한다. 지난 20년간 수많은 브랜드가 등장하고 사라짐을 반복하였으며 런칭 후 3년 안에 사라진 브랜드가 85%에 육박하고 이때의 손실 역시 수십억으로 추정된다.

수많은 브랜드가 존재하는 패션산업에서 소비자가 모든 정보를 고려하여 패션 브랜드를 비교하고 평가하기는 어려우며, 패션브랜드의 입장에서도 자사의 브랜드가 가진 특성을 고려한 시장을 세분화하고 그에 맞는 마케팅 전략을 수립하기 위해 브랜드를 분류하는 과정은 반드시 필요하다 할 수 있다.

패션브랜드를 분류하는 방법으로 가장 많이 이용되고 있는 방법은 복종별 분류로 여성복, 여성캐주얼, 남성복, 캐주얼, 스포츠, 유아동복, 이너웨어, 패션잡화, 제화, 특종상품, 수입명품 등으로 구분되며 이러한 분류는 일반적으로 백화

▍ 분류기준

- **복종에 따른 분류(조닝에 따른 분류):** 성별 및 TPO를 고려한 가장 일반적인 분류방법
  ex) 여성복, 남성복, 캐주얼, 스포츠웨어, 아동복, 액세서리 등

- **가격존에 따른 분류:** 브랜드의 가격정책에 의한 제품 가격 수준별 분류방법
  ex) 초고가, 고가, 중고가, 중가, 중저가, 저가 브랜드 등

- **전개형태에 따른 분류:** 브랜드의 전개영역이나 형태에 따른 분류방법
  ex) 내셔널 브랜드, 라이센스 브랜드, 직수입 브랜드 등

- **브랜드 소유주체에 따른 분류:** 브랜드 소유주의 업체형태에 따른 분류방법
  ex) 매스 브랜드, 디자이너 브랜드, PB 브랜드, SPA 브랜드 등

- **도입국에 따른 분류:** 직수입 및 라이센스 브랜드의 국적에 따른 분류방법
  ex) 미국, 이탈리아, 프랑스, 일본, 영국, 독일, 스페인 등

그림 7 국내 패션브랜드 현황
자료: www.appnews.co.kr
(브랜드연감, 13호)

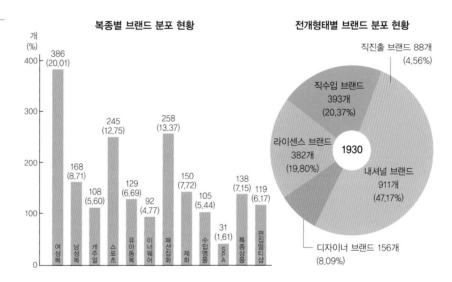

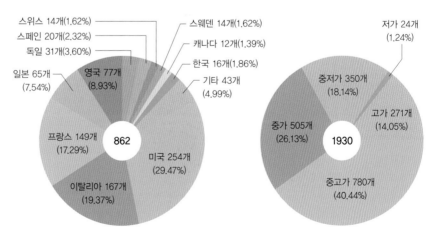

점의 층별 분류와 유사하다. 또한 이외에도 전개형태에 따른 분류, 가격존에 따른 분류, 도입국에 따른 분류, 브랜드 소유주체에 따른 분류 등에 의해 패션브랜드를 분류할 수 있다.

(1) 복종에 따른 패션브랜드의 분류

복종별 브랜드 분류방법은 패션브랜드 분류 방법 중 가장 많이 이용되고 있는 방법으로 소비자의 쇼핑행동을 위한 가장 편리한 분류이며 조닝(zoning)에 의한 분류라고도 한다. 일반적으로 백화점의 층별, 존별 구성 역시 이 분류방법과 가장 유사하다. 복종별 분류방법은 성별 및 T.P.O.를 고려하여 다음의 표와 같이 분류할 수 있으며 소비시장의 변화에 따라 세분화되는 분류나 그 명칭이 변화되기도 하고, 브랜드의 특성에 따라 분류 그룹이 변화 또는 중복되기도 한다(표 3 참조).

복종에 따른 구분		해당 브랜드	브랜드 로고
수입명품	하이엔드 수입명품	구찌, 까르띠에, 듀퐁, 루이비통, 미우미우, 버버리, 샤넬, 에르메스, 코치, 크리스찬디올, 티파니, 페레가모, 펜디, 프라다	LV CC HERMÈS PARIS ETRO GG PRADA
	수입명품	돌체앤가바나, 랑방, 마르니, 막스마라, 바네사부르노, 발렌시아가, 발망, 버버리, 보테가베네타, 셀린느, 알렉산더맥퀸, 알렉산더왕, 이세이미야케, 입생로랑, 쟈딕앤볼테르, 지방시, 펜디, 프로엔자슐러, 플리츠플리즈	
여성복	영캐주얼, 캐릭터, 밸류	듀엘, 럭키슈에뜨, 르윗, 매긴나잇브릿지, 베네통, 세컨플로어, 스테파넬, 시스템, 시슬리, 써스데이아일랜드, 오즈세컨, 온앤온, 올리브데올리브, 커밍스텝, 코데즈컴바인, 톰보이, 플라스틱아일랜드, LAP	Thursday Island SJSJ O'2nd CLUB MONACO
	캐릭터, 커리어, 컨템퍼러리	구호, 마인, 모그, 모조에스핀, 미니멈, 미샤, 아이잗바바, 앤클라인, 엠씨, 오브제, 요하넥스, 지고트, 캐리스노트, 타임	TIME KUHO MICHAA Obree MINE
	미시 & 미시즈, 트래디셔널	보티첼리, 데코, 쉬즈미스, 안지크, 엘르, 올리비아로렌, 요하넥스, 크레송, 피에르가르뎅, BCBG, KEITH	DECO KEITH Olivia Lauren SHESMISS ANDY & DEBB
	디자이너스, 엘레강스	김연주, 손정완, 스티브j & 요니p, 앤디앤뎁, 자뎅드슈에뜨, 제너럴아이디어, 쟈니해잇재즈	jardin de chouette JOHNNY HATES JAZZ SON JUNG WAN

남성복	정장	갤럭시, 니나리치, 다반, 닥스, 로가디스, 마에스트로, 맨스타, 웅가로, 캠브리지멤버스, 폴스튜어트	GALAXY ungaro PARIS MAESTRO ROGATIS
	셔츠	닥스, 레노마, 루이까또즈, 벨그라비아, 예작, 웅가로, 카운테스마라, 피에르가르뎅	DAKS YEZAC COUNTESS MARA pierre cardin
	캐릭터 & 캐주얼	띠어리, 레노마, 본, 빅터앤롤프, 솔리드옴므, 시스템옴므, 아르마니, 엠비오, 웅가로옴므, 워모, 인터메죠, 제스, 지오지아, 지이크, 커스텀멜로우, 킨록by킨록앤더슨, 타임옴므, 톰브라운, 폴스미스, 폴스튜어트, CP컴퍼니	SOLID HOMME WOOYOUNGMI TIME MVIO homme customellow
	하이엔드	랑방, 빨질레리, 제냐, 질샌더, 휴고보스	LANVIN PAL ZILERI HUGO BOSS Ermenegildo Zegna
캐주얼	유니섹스, 트래디셔널	갭, 마루, 브룩스브라더스, 빈폴, 올젠, 잭앤질, 지오다노, 클라이드, 타미힐피거, 티니위니, 폴로, 폴햄, 프레드페리, 헤지스, 헨리코튼, ASK, DOHC	BEAN POLE HAZZYS GIORDANO TOMMY HILFIGER
	진캐주얼	게스, 디젤, 리바이스, 버커루, 빈폴진, 슈퍼드라이, 팬콧, 힐피거데님, A/X, Calvin Klein Jeans, Jeep, TBJ	GUESS Levi's DIESEL BUCKAROO JEANS
	스포티 캐주얼	BNX, FUBU, MLB	FUBU MLB BNX
스포츠웨어	액티브 스포츠 웨어	나이키, 뉴발란스, 데상트, 라코스떼, 르꼬끄스포르띠브, 리복, 스닉솔, 스케쳐스, 아디다스, 오니츠카타이거, 카파, 크록스, 키플링, 푸마, 프로스펙스, 플랫폼, 헤드, 휠라	NIKE adidas le coq sportif
	골프웨어	나이키골프, 닥스골프, 레노마골프, 르꼬끄 골프, 먼싱웨어, 보그너, 블랙앤화이트, 빈폴골프, 슈페리어, 아다바트, 울시, 이동수골프, 잭 니클라우스, 캘러웨이, 테일러메이드, 폴로골프, 풋조이, 핑, 휠라골프, MU스포츠	NIKEGOLF TaylorMade Jack Nicklaus Callaway GOLF adabat PING
	아웃도어	네파, 노스페이스, 마운틴하드웨어, 몽벨, 밀레, 블랙야크, 아크테릭스, 에이글, 오클리, 잭 울프스킨, 컬럼비아, 코오롱스포츠, K2	THE NORTH FACE OAKLEY Columbia Sportswear Company NEPA
아동복	유아복	무냐무냐, 밍크뮤, 베베, 비비하우스, 쇼콜라, 압소바, 에뜨와, 엘르뿌뽕, 카터스, 파코라반베이비, 프리미에쥬르	MOONYA MOONYA minkmui carter's BeBe
	아동복	갭키즈, 게스키즈, 구찌키즈, 닥스키즈, 데이지러버, 랄프로렌칠드런, 리바이스키즈, 메조피아노, 미키하우스, 밤비니, 버버리칠드런, 베네통키즈, 베베아동, 봉쁘앙, 블루독, 빈, 빈폴키즈, 스트라이드, 오시코시, 쥬시꾸띠르, 캔키즈, 티파니주니어	BEAN POLE KIDS miki house baby Dior kids
언더웨어		롤리팝스, 바바라, 비너스, 비비안, 엠포리오 아르마니 언더웨어, 옴, 와코루, 캘빈클라인, 트라이엄프	barbara VIVIEN Wacoal VENUS
액세서리	주얼리	갤러리어클락, 골든듀, 러브캣, 메트로시티, 스톤헨지, 세인트에띠엔느, 스와로브스키, 스와치, 아가타, 엠포리오아르마니, 쟝폴클라리쎄, 타사키, 토스, J.에스티나, JP 클라리쎄, MCM	SWAROVSKI AGATHA J.ESTINA St ETIENNE

(2) 가격존에 따른 분류

가격존에 따른 패션브랜드의 분류는 패션상품의 분류상 가격에 의한 분류와
유사하며 브랜드 가격정책에 의한 제품의 가격 수준별로 브랜드를 초고가, 고
가, 중고가, 중가, 중저가, 저가 브랜드로 분류한다(표 4 참조).

표 4 가격존에 따른
국내 패션브랜드의 분류

가격 수준		상품군	브랜드
Prestige	초고가	• 수입명품 브랜드 • 유명 디자이너브랜드	루이비통, 샤넬, 손정완, 에르메스, 오은환, 지방시 등
Bridge	고가	• 명품의 세컨드 브랜드, 디자이너 브랜드, 내셔널 브랜드 또는 고가라인 제품	도나 카란의 'DKNY', 캘빈클라인의 'CK', 엠프리오 아르마니, 구호, 앤디엔뎁
Better	중고가	• 다소 높은 가격 지향의 내셔널 브랜드, 일부 수입 브랜드	모그, 오브제, 타임, 질스튜어트, 띠어리 등
Volume Better	중가	• 내셔널 브랜드의 저가 상품, 캐릭터 캐주얼, 하이캐주얼 브랜드 제품	잇미샤, 에고이스트, 빈폴, 헤지스, SJSJ 등
Volume	중저가	• 캐주얼 브랜드 또는 SPA 브랜드 상품	지오다노, 후아유, 에잇세컨즈, 이랜드, 자라, H&M 등
Budget	저가	• 저가 브랜드 상품, 대형할인점의 PB 브랜드, 재래시장의 브랜드 상품	재래시장, 유니클로, PB 브랜드 상품

(3) 전개형태에 따른 분류

브랜드의 전개영역이나 전개하고 있는 형태 및 특성에 따른 분류방법이다. 국내
에서 만들어져 국내를 위주로 전개되고 있는 내셔널 브랜드, 해외 브랜드의 브
랜드네임을 라이센스 계약을 통해 전개하고 있는 라이센스 브랜드, 해외 브랜
드가 기획한 상품이 국내에 직접 전개되는 직수입 브랜드 등으로 크게 분류할
수 있다(표 5 참조).

(4) 브랜드 소유주체에 따른 분류

이 분류는 크게 브랜드의 소유주가 제조 전문 업체인지, 유통 전문 업체인지,
그리고 제조와 유통까지 함께 전개하는 업체인지의 세 그룹으로 분류할 수 있
다. 특히 제조업체 브랜드의 분류 내에는 전개형태에 따른 분류가 포함되기도
하는 보다 큰 개념의 분류이기도 하다(표 5 참조).

표 5 브랜드의 전개형태*, 소유주체에 따른 국내 패션브랜드의 분류

분류		특징	종류
제조 전문 업체 브랜드	내셔널 브랜드*	• 수입 또는 라이센스가 아닌 국내에서 독창적으로 만들어진 브랜드 • 특정시장에 한정되지 않고 전국적으로 판매되는 브랜드로 일반 소매점이나 기타 다양한 유통망을 통해 판매가 이루어지는 브랜드	96뉴욕, 갤럭시, 골든듀, 더블엠, 러브캣, 로가디스, 르까프, 데코, 르샵, 보티첼리, 본, 블랙야크, 빈폴, 아이잗바바, 에린브리니에, 올리브데올리브, 제이에스티나, 지고트, 지컷, 코데즈컴바인, 쿠아, 타임, 탑걸, 타운젠트, BCBG, BNX 등
	매스 브랜드	• 의류 제조업체의 상표명 소유, 제조, 생산부터 판매까지 진행 • 브랜드 제조업체의 직접관리에 의해 브랜드 이미지를 일관성 있게 유지할 수 있는 장점	갤럭시, 닥스, 로가디스, 마에스트로, 빈폴, 엘로드, 헤지스, 코오롱스포츠 등 대기업 중심 브랜드
	디자이너 브랜드	디자이너 소유의 브랜드로 디자이너의 고유 감성을 브랜드 컨셉으로 정의하여 브랜드의 차별화에 중점을 둔 브랜드	김영주, 루비나, 메종드 이영희, 미스지콜렉션, 손정완, 솔리드옴므, 슈콤마보니, 앤디앤뎁, 오브제, 이상봉, 자뎅드 슈에뜨, 제네럴 아이디어 등
	브릿지라인 브랜드	제조전문업체 브랜드 또는 디자이너 브랜드의 기존 브랜드보다 저렴한 가격대로 전개하는 서브 브랜드	도나카란의 'DKNY', 조르지오 아르마니의 '엠포리오 아르마니', 'A/X', 오브제의 '오즈세컨', 캘빈클라인의 'CK'등
	라이센스 브랜드*	패션상품의 기획, 생산, 판매를 임차한 브랜드의 소유주와 계약한 기준의 범위 내에서 전개하는 브랜드	나이키, 레노마, 리복, 마리끌레르, 버튼엘르, 앤클라인, 피에르가르뎅 등
	직수입* (직진출) 브랜드	브랜드의 본사에서 기획, 생산한 제품을 직수입 또는 본사가 직접 국내에 진출, 판매하는 브랜드	신세계인터내셔널(엠포리오 아르마니, 디젤), LVMH(루이비통, 지방시, 셀린) 등
제조소매업체 브랜드		의류 제조업체가 브랜드의 신속한 기획, 생산, 유통까지 책임지는 SPA 브랜드	미국의 GAP, 스페인의 ZARA, 스웨덴의 H&M, 일본의 UNIQLO, 한국의 베이직하우스, 르샵, MIXXO, 8seconds
소매· 유통 전문 업체 브랜드	PB 브랜드	• 유통업체가 독자적으로 개발하여 소유한 브랜드 • 중간마진, 광고비 등의 원가를 절감한 상품	**백화점** • 롯데: 타스타스(영캐주얼), 헤르본(남성셔츠), 니트앤노트(편집샵) • 현대: 씨컨셉, 어번H(넥타이), 수완(속옷) • 갤러리아: 맨즈GDS **할인점** • 이마트: 자연주의, E-Basic, #902, 디자인유나이티드 • 롯데마트: 위드원

(5) 도입국에 따른 분류

패션브랜드는 그 특성상 국내에서 태동된 내셔널 브랜드 외에도 해외 유명브랜드를 국내에 라이센스 계약에 의해 전개하거나 직수입하여 전개하는 경우가 많다. 도입국에 따른 분류는 이와 같이 전개되는 브랜드를 수입국에 따라 분류한 것이다(그림 8 참조).

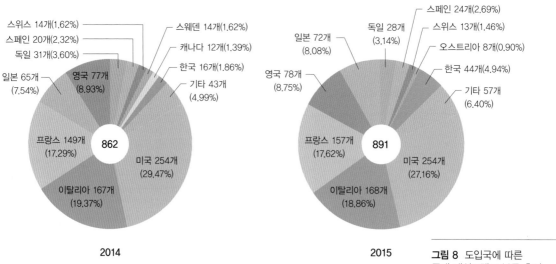

2014   2015

그림 8 도입국에 따른 국내 패션브랜드 분류 추이

자료: www.appnews.co.kr
(브랜드연감, 13호)

그림 9 백화점 층별 구성의 예

자료: www.shinsegae.com

▌브랜드 라이센싱

상표재산권 소유자와 일정 계약을 통해 상업적으로 상표권을 사용할 권리를 부여받아 사업을 진행하는 것을 브랜드 라이센싱이라고 한다.

글로벌 브랜드에 대한 소비자의 관심과 수요가 증가하고 다양한 매체를 통해 세계 주요 도시의 패션소식을 실시간으로 접하게 되면서 해외 브랜드가 국내 직진출하거나 국내 기업과의 브랜드 라이센싱 계약을 통해 해외 브랜드의 상품을 국내 소비자의 기호에 맞게 기획, 전개하는 사업으로 전개되고 있다.

패션 브랜드 라이센싱의 경우 라이프스타일의 변화와 지속 가능성, 마케팅 용이, 스트리트 패션의 대세 움직임과 함께 소비자에게 이미 잘 알려진 해외 유명 브랜드를 라이센싱 계약을 통해 해당 브랜드의 컨셉과 국내 소비자의 기호에 맞는 상품으로 기획하여 전개한다.

현재 2천여 개 패션 브랜드 중 약 500개 정도의 브랜드가 라이센싱 계약을 통해 전개되고 있으며, 통상 5년의 계약기간을 시작으로 최근에는 장기계약을 통해 중장기 경영권을 확보하는 기업도 늘어나고 있다.

도입 국가별 추이를 살펴보면 미국, 프랑스, 이탈리아, 영국의 순으로 높은 비중을 차지하고 있으며(자료: 어패럴뉴스, 1332호) 최근에는 K팝 인기에 힘입어 K패션에 대한 수요가 증가함에 따라 국내 브랜드가 해외로 브랜드 라이센싱 계약을 통해 수출되는 등의 경향도 나타난다.

최근에는 직진출 전개를 고집하던 브랜드가 라이센싱 계약을 통한 국내 사업 전개로 변화하거나 패션 브랜드뿐만 아니라 비패션 브랜드 고유의 가치와 DNA를 플랫폼 삼아 브랜드 라이센싱 계약을 통해 패션 브랜드로 확장하는 '플랫폼 라이센싱'도 증가하는 등 패션 브랜드 라이센싱의 범위가 넓어지고 그 콘텐츠도 다양화되고 있다.

그림 10 브랜드 라이센스
자료: 패션비즈

3. 패션상품

패션상품이란 패션에 대해 소비자가 갖는 욕구를 만족시켜 주는 상품이다. 패션상품은 유행과 시즌에 따라 스타일, 디자인, 색상 등의 측면에서 새로운 신상품이 등장하고 시간이 지남에 따라 그 상품가치가 급속히 감소하는 특징이 있다. 또한 동일한 디자인의 상품이 여러 개의 사이즈와 색상, 소재 등에 따라 상품을 분류하는 최소 단위인 SKU(Stock Keeping Unit: 기초재고)가 많으며, 디자인이라는 예술적 측면의 평가와 함께 개개인의 취향에 따른 주관적인 평가가 이루어지는 특징이 있다.

1) 패션상품의 분류

▌패션상품

패션에 대해 소비자가 갖는 욕구를 만족시켜 주는 상품으로 다음과 같이 분류할 수 있다.

- 한국표준산업분류 체계에 의한 분류
- 아이템에 의한 분류
- 상품구성에 의한 분류
- 가격에 의한 분류
- 소비자 관여도에 의한 분류
- 성별 및 복종에 의한 분류
- 유행성에 의한 분류
- 연령에 의한 분류
- 라이프스타일에 의한 분류

일반적으로 상품을 분류하는 기본적인 기준은 형태의 유무와 소비율이다. 형태가 있는 것은 재화(goods)이고 형태가 없는 것은 서비스(service)라 할 때 패션상품을 대표하는 '의복'은 재화에 속하며, 의복이라는 재화와 함께 유행이나 브랜드의 이미지와 같이 형태가 없는 서비스도 함께 구입하게 되므로 패션상품은 유·무형의 재화와 서비스를 모두 포함한다. 또한 상품의 사용수명에 따른 소비율을 기준으로 내구재(durable goods)와 비내구재(nondurable goods)로 나눌 수 있는데 일반적인 패션상품은 내구재로 분류되어 왔으나 최근의 패스트 패션(fast fashion) 상품 및 일부 패션잡화의 경우 비내구재로 설명할 수 있다.

(1) 한국표준산업분류의 체계에 따른 분류

패션상품은 한국표준산업분류의 체계에 따른 의복을 중심으로 '남자용 정장/여자용 정장/내의 및 잠옷/한복/셔츠 및 체육복/근무복, 작업복 및 유사의복/가죽의복/유아용의복/그 외 기타 봉제의복/천연모피 제품/인조모피 및 인조모피 제품/편조의복/스타킹 및 기타 양말/기타 편조의복 액세서리/모자/그 외 기타 액세서리'까지 총 16개 유형으로 구분된다.

(2) 성별 및 복종에 의한 분류

여성캐주얼/캐릭터/영캐주얼/영캐릭터/디자이너부티크/해외명품/캐주얼/진캐주얼/남성캐주얼/셔츠·타이/남성정장/란제리/유·아동/스포츠/골프/잡화/구두/액세서리 등과 같이 백화점 등 유통업체에 의한 복종별 분류 기준에 따른 패션상품의 분류방법으로 가장 대중적으로 사용한다.

(3) 아이템에 의한 분류

패션업체에서의 상품기획 단계에서는 품목에 따른 패션상품 유형을 아이템이라는 명칭으로 사용하며 스커트(SK: skirt), 재킷(JK: jacket) 등과 같이 영어 약어로 표시한다.

(4) 유행성에 의한 분류

상품기획 단계에서 유행을 반영하는 유행성 정도에 따른 분류로 매 시즌 등장하는 클래식한 스타일은 베이직(Basic)상품, 시즌 트렌드를 반영한 상품을 트렌디(Trendy)상품, 베이직상품과 트렌디상품의 중간 정도의 유행성을 가진 상품을 뉴 베이직(New Basic)상품이라 한다.

(5) 상품구성에 의한 분류

유통, 판매단계에서의 비중에 따른 분류로 중점상품(Volume), 보완상품(Service), 전략상품(Trendy)으로 나눌 수 있다. 중점상품은 패션업체에서 물량, 판촉, 판매 등에 가장 주력하는 중심상품이며, 보완상품은 중점상품을 보완하기 위해 전개되는 상품으로 특수고객 및 기호, 계절 등에 맞춰 전개되는 상품을 말한다. 전략상품은 브랜드의 이미지나 전략을 위해 기획되는 기획상품(spot)으로 재고처리상품이나 저가기획상품, 다음 시즌을 위한 실험적 디자인의 상품 등이 해당된다.

(6) 연령에 의한 분류

연령별 분류의 근원은 남성복과 여성복, 유아동복별로 생산에 사용되는 기계
가 달랐던 미국 의류산업 초기의 분류에서 시작되었으며 현재는 연령을 보다
다양하게 세분화한 분류가 사용되고 있다.

(7) 가격에 의한 분류

패션상품은 가격대에 따라 단계적 분류가 가능하며 이는 곧 패션상품이 판매
되는 장소와 연결되기도 한다. 가격대에 의한 분류는 프레스티지(Prestige), 브릿
지(Bridge), 베터(Better), 볼륨베터(Volume Better), 볼륨(Volume), 버짓(Budget)
으로 분류하며 프레스티지부터 볼륨베터까지의 가격대 상품이 백화점에서 판
매된다면 볼륨 가격대 상품은 할인점이나 가두점에서 판매되며, 버짓 가격대의
상품은 할인점이나 가두점 또는 재래시장에서 주로 판매되는 경향이 있다.

(8) 라이프스타일에 의한 분류

현대인의 라이프스타일이 다양해짐에 따라 소비자 라이프스타일을 기준으로
한 상품의 분류가 추가적으로 사용되기도 한다.
소비자의 라이프스타일을 어케이전(occasion/T.P.O)에 따라 크게 오피셜 라이
프(Official Life), 소셜 라이프(Social Life), 프라이빗 라이프(Private Life)로 분류
하여 각 어케이전별로 패션상품을 오피셜 웨어, 소셜 웨어, 프라이빗 웨어로 구
분할 수 있다. 직무나 통학, 출근 시의 패션상품을 오피셜 웨어, 각종 모임이나
사교를 위한 상품을 소셜 웨어, 취미나 여가를 위한 상품을 프라이빗 웨어로
분류한다.

(9) 소비자 관여도에 의한 분류

소비자가 상품에 대해 갖는 중요도와 관심을 나타내는 관여 정도에 따라 고관
여 상품(hign involvement product)과 저관여 상품(low involvement product)
으로 분류한다. 높은 가격의 상품, 상징성이 있거나 특이한 상품을 구매할 때
소비자는 더 많은 정보를 탐색하고 구매 결정에 많은 시간을 소비하며 이러한
상품을 고관여 상품이라 한다. 반대로 가격이 낮고 표준화되어 있으며 품질이
나 디자인에 차이가 없는 상품을 실용적인 목적으로 구매할 때 비교적 쉽게 소
비결정을 하게 되는데 이러한 상품을 저관여 상품이라 한다.

표 6 패션상품의 분류

기준	패션상품 분류					
한국 표준산업 분류	남자용 정장/여자용 정장/내의 및 잠옷/한복/셔츠 및 체육복/근무복, 작업복 및 유사의복/가죽 의복/유아용 의복/그 외 기타 봉제의복/천연모피제품/인조모피 및 인조모피 제품/편조의복/스타킹 및 기타 양말/기타 편조의복 액세서리/모자/그 외 기타 액세서리					
성별 및 복종	남성복, 여성복, 유니섹스					
	여성캐주얼/캐릭터/디자이너부티크/해외명품/진캐주얼/남성캐주얼/셔츠&타이/남성정장/언더웨어/유·아동/스포츠/아웃도어/골프/잡화/구두/액세서리					

아이템	품목	재킷	코트	점퍼	슬랙스	팬츠	스커트
	약어	JK	CT	JP	SL	PT	SK
	품목	블라우스	셔츠	티셔츠	니트	원피스	베스트
	약어	BL	SH	TS	KN	OP	VT

유행성	베이직(Basic), 뉴 베이직(New Basic), 트렌디(Trendy)
상품 구성	중점상품(Volume), 보완상품(Service), 전략상품(Trendy)

연령	분류	연령	분류	연령
	Infant	0~2세	Adult	23~27세
	Nursery	3~6세	Missy	28~37세
	Child	7~12세	Mrs.	38세~
	Junior	13~17세	Silver Mrs	55세이상
	Young	18~22세		

가격대	초고가	고가	중고가	중가	중저가	저가
	Prestige	Bridge	Better	Volume Better	Volume	Budget

라이프 스타일	•오피셜 웨어: 포멀 웨어, 비즈니스 웨어 •소셜 웨어: 캐주얼 웨어, 이지 웨어 •프라이빗 웨어: 레저 웨어, 스포츠 웨어, 홈웨어
관여도	고관여 상품, 저관여 상품

2) 패션상품의 사이즈 체계

대량생산되는 기성복이 중심이 되는 현대 패션산업에서 소비자의 신체 적합성 욕구를 충족시키고 해외 유명브랜드와의 경쟁력을 확보하기 위해 유행에 따라 호환될 수 있는 의류상품의 사이즈 체계와 시대별 표준체형에 관한 정보수집은 필수적이다.

(1) 의류 치수규격의 종류

패션산업의 글로벌화에 따라 해외 브랜드를 접할 기회가 증가하면서 해외브랜드의 사이즈 체계 및 특징을 알고 국내 브랜드의 상품과 비교하여 신체치수와 체형에 따른 사이즈 선택이 필요하게 되었다. 우리나라의 한국산업표준

구분	XS	S	M	L	XL	XXL
한국	44(85)	55(90)	66(95)	77(100)	88(105)	110
신장	155	160	165	170	–	–
가슴둘레	82	85	88	94	–	–
허리둘레	64	67	70	73	–	–
미국, 캐나다	2	4	6	8	10	12
일본	44	55	66	77	88L	–
영국, 호주	4~6	8~10	10~12	16~18	20~22	–
프랑스	34	36	38	40, 42	44, 46, 48	50, 52, 54
이탈리아	80	90	95	100	105	110
유럽	34	36	38	40	42	44

표 7 국가별 표준 의류사이즈 비교(여성복)[1]

구분	XS	S	M	L	XL	XXL
한국	85	90	95	100	105	110
미국	85~90	90~95	95~100	100~105	105~110	110~
	14	15	15.5~6	16.5	17.5	–
일본	S	M	L	LL, XL	–	–
	36	38	40	42	44	46
영국	0	1	2	3	4	5
프랑스	40	42, 44	46, 48	50, 52	54, 56, 68	60, 62
유럽	44~46	46	48	50	52	54

표 8 국가별 표준 의류사이즈 비교(남성복)[2]

---

1), 2) 자료: 표준의류사이즈, www.naver.com

(KS: Korea Standard)을 비롯하여 각 나라별, 국제표준화기구의 국제규격(ISO: International Standard Organization), 유럽통합규격(EN: Europa Norm) 등에서는 의복제작 및 소비자의 의복구입 시 참고를 위한 치수규격을 가지고 있다. 다음에 제시된 〈표 7~10〉은 국가별 표준 의류사이즈의 비교표로 여성복, 남성복, 아동복, 신발의 국가별 치수 표기를 정리한 것이다.

표 9 국가별 표준 의류사이즈 비교(아동복)[3]

구분	Small		Medium		Large		X-Large
미국 남아(Boys 2~7)							
사이즈	2T	3T	4T	4	5	6	7
키	84~91	91~99	91~99	99~107	107~114	114~122	122~130
몸무게	13~15	14~15	13~15	14~15	19~21	20~23	23~25
미국 남아(Boys 8~20)							
사이즈	8	10	12	14	16	18	20
키	123~127	128~137	138~147	149~155	156~163	164~168	169~173
몸무게	25~27	27~33	34~39	40~45	46~52	52~57	58~63
미국 여아(Girls 2~6)							
사이즈	2T	3T	4T	4	5	6	6X
키	84~91	91~99	91~99	99~107	107~114	114~122	122~130
몸무게	13~15	14~15	13~15	14~15	19~21	20~23	23~25
미국 여아(Girls 7~16)							
사이즈	7		8	10	12	14	16
키	91~99	124~130	131~135	136~140	141~146	147~152	154~159
몸무게	25~27		25~27	30~34	34~38	39~44	44~50

표 10 국가별 표준 의류사이즈 비교(신발)[4]

한국(mm)		210	220	230	240	250	260	270	280	290
미국	남	–	–	5	6.5	7.5	9	10	11	12
	여	4	5	6	7.5	8.5	10	11	12	13
일본		21	22	23	24	25	26	27	28	29
유럽	남	–	–	36.5	38	39	41	43	45	46
	여	34	35.5	36	37.5	38.5	40	42	43	44
영국	남	–	–	4.5	6	7	8.5	9.5	10.5	11.5
	여	2	3	4	5.5	6.5	8	9	9.5	10

---

3), 4) 자료: 표준의류사이즈, www.naver.com

(2) 국내 패션상품의 호칭 및 치수규격

국내 패션상품의 호칭 및 치수규격은 KS(Korea Standard, 기술표준원)의 기준을 따르고 있다. KS규격은 2004년 만 18~59세의 여성과 18~69세의 남성의 패션상품 제작을 위한 인체측정 항목 및 측정법을 규정하였으며 미국의 ASTM을 제외하고는 유일하게 노년여성의 치수규격을 별도로 제안하고 있다.

호칭		의미	호칭	의미
체격 표시 호칭	S	체격이 작은 Small의 약자	P	키가 작은 Petite의 약자: 155cm 미만
	M	체격이 보통인 Medium의 약자	R	키가 보통인 Regular의 약자: 155~165cm 미만
	L	체격이 큰 Large의 약자		
	XL	체격이 가장 큰 Extra Large의 약자	T	키가 큰 Tall의 약자: 165cm 이상

표 11 호칭 구성법 (S와 P는 여성복에만 해당)[5]

측정 항목 \ 연령	18~24세 평균	표준 편차	25~34세 평균	표준 편차	35~49세 평균	표준 편차	50~69세 평균	표준 편차	전체 평균	표준 편차
키	160.1	5.4	160.1	5.2	157.7	5.1	153.3	5.4	157.8	6.0
가슴너비	27.1	1.7	27.5	1.8	28.0	1.8	28.9	2.1	27.8	2.0
허리너비	24.3	2.1	25.0	2.3	26.1	2.5	27.9	2.5	25.8	2.7
앞중심길이	34.0	1.9	34.6	1.9	34.5	1.9	34.3	2.4	34.3	2.0
목둘레	31.4	1.5	31.6	1.6	32.4	1.8	33.5	1.9	32.2	1.9
가슴둘레	83.4	5.1	84.5	5.3	87.1	5.5	89.8	5.4	86.1	5.9
밑가슴둘레	72.3	5.1	74.0	5.3	77.2	5.7	82.2	6.1	76.3	6.8
허리둘레	69.9	6.3	72.8	7.2	76.5	7.6	84.5	8.1	75.7	9.2
엉덩이둘레	92.0	5.1	92.2	5.1	93.0	5.0	93.1	5.2	92.5	5.1
어깨길이	12.2	1.3	11.8	1.3	11.8	11.8	11.6	1.3	11.9	1.3
등길이	39.1	2.1	39.5	2.1	39.7	2.2	38.8	2.4	39.3	2.2
총길이	138.6	5.2	138.3	4.9	136.3	4.8	132.7	5.1	136.5	5.6
팔길이	54.3	2.6	54.0	2.4	53.3	2.2	53.2	2.4	53.7	2.5
넙다리둘레	55.0	4.0	55.1	4.0	55.4	3.8	54.5	3.9	55.0	3.9
손목둘레	14.7	0.7	14.7	0.7	15.2	0.8	15.9	0.9	15.1	0.9
몸무게	53.7	7.5	54.8	7.4	56.8	7.6	58.3	7.9	55.8	7.8

표 12 국내 여성의 연령대별 신체 주요부위 치수 (단위: cm/kg)[6]

5), 6) 자료: 신체치수 및 의류치수규격의 국제비교연구 보고서(2006), 한국인 인체치수조사 Size Korea, www.sizekorea.kr

표 13 신체 치수 분류표
(단위: cm)[7]

분류		호칭	S	M	L	XL
상의용	여성	가슴둘레	72~82	82~89	89~98	98~109
		키	158.7	158.3	157.0	156.8
		허리둘레	64.9	71.4	79.8	91.2
		엉덩이둘레	88.3	91.7	94.9	99.4
	남성	가슴둘레	157~169	85~92	93~100	101~108
		허리둘레	58~69	70~79	80~89	90~99
		키	150.9			
하의용	여성	허리둘레	58~69	69~77	77~88	88~101
		키	150.9	158.3	156.5	155.6
		엉덩이둘레	88.7	92.4	95.0	99.6
	남성	허리둘레		70~79	80~89	90~99
		키		171.4	169.4	169.0
		엉덩이둘레		90.8	95.1	99.9

표 14 남녀 성인복의
호칭 표시방법(단위: cm)[8]
자료: 한국산업규격 KS0050(2012)

구분			치수 호칭 표시	치수 호칭 표시 예
정장	여성	재킷, 오버코트, 블라우스, 셔츠, 원피스	가슴둘레-엉덩이둘레*-키	84–160 84–92–160
		팬츠, 스커트	허리둘레-엉덩이둘레*-키	66–160 66–92–160
	남성	재킷	가슴둘레-허리둘레-키	96–80–175
		오버코트	가슴둘레-키	96–175
		정장용 팬츠	허리둘레-엉덩이둘레*-키*	82–96–175/82–96 82–175/82
캐주얼·운동복	여성	재킷, 오버코트, 블라우스, 셔츠, 원피스	가슴둘레-엉덩이둘레*-키*	85/85–90/85–160 85–90–160/85(S) /S
		팬츠, 스커트	허리둘레-엉덩이둘레*-키*	65/65–90 65–160/65–90–160
		니트, 티셔츠	가슴둘레-키*	85/85–160 85(S)/S
	남성	재킷, 오버코트	가슴둘레-키*	95, 95—175, 95(M), M
		팬츠	허리둘레-키*	80, 80—175
		셔츠, 니트	가슴둘레-키*	95, 95—175, 95(M), M

7), 8) 자료: 국가표준인증종합정보센터, www.standard.go.kr, 한국산업표준(KS) KSK0051(2012)

PART 2

패션브랜드의 상품개발 프로세스

PART 2-1

패션브랜드 기획

2-1 패션브랜드 기획

새로운 브랜드를 런칭하고 새로운 시즌의 상품기획을 진행하기 위해 패션기업에서는 마케팅 환경을 분석하여 소비자의 욕구와 브랜드 이미지에 부합하는 상품을 기획하고 실제적인 디자인 전개를 진행하는 체계적인 과정을 거치게 된다. 이러한 과정을 패션브랜드의 상품개발 프로세스라 하며 그 과정은 다음과 같다.

그림 11 패션브랜드의 상품개발 프로세스

CHAPTER 01
정보분석

INFORMATION ANALYSIS

패선산업은 정보지향 산업이며 소비자지향 산업이다. 패선산업에 있어 정보의 수집 및 분석을 통해 급진적으로 변화하는 대내·외적인 환경과 상황에 따른 패선의 변화를 예측하고 특히 고부가가치 상품의 증가와 소비자 라이프사이클의 단축현상에 따른 빠른 변화에 대한 준비를 위해 반드시 필요한 과정이다. 패선산업의 상품기획 및 마케팅기획은 다음 시즌에 대한 예측으로 이루어진다는 점에서 정확한 패선예측과 함께 현재의 문제해결이 동반되어야 비로소 성공적인 상품기획과 마케팅 전략기획이 가능하다.

그림 12 마케팅 정보와 종류

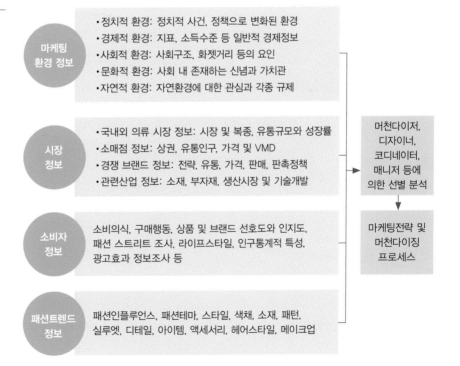

마케팅 환경 정보
- 정치적 환경: 정치적 사건, 정책으로 변화된 환경
- 경제적 환경: 지표, 소득수준 등 일반적 경제정보
- 사회적 환경: 사회구조, 화젯거리 등의 요인
- 문화적 환경: 사회 내 존재하는 신념과 가치관
- 자연적 환경: 자연환경에 대한 관심과 각종 규제

시장 정보
- 국내외 의류 시장 정보: 시장 및 복종, 유통규모와 성장률
- 소매점 정보: 상권, 유통인구, 가격 및 VMD
- 경쟁 브랜드 정보: 전략, 유통, 가격, 판매, 판촉정책
- 관련산업 정보: 소재, 부자재, 생산시장 및 기술개발

소비자 정보
소비의식, 구매행동, 상품 및 브랜드 선호도와 인지도, 패션 스트리트 조사, 라이프스타일, 인구통계적 특성, 광고효과 정보조사 등

패션트렌드 정보
패션인플루언스, 패션테마, 스타일, 색채, 소재, 패턴, 실루엣, 디테일, 아이템, 액세서리, 헤어스타일, 메이크업

머천다이저, 디자이너, 코디네이터, 매니저 등에 의한 선별 분석

마케팅전략 및 머천다이징 프로세스

1. 마케팅 환경 정보

패션의 변화는 단순히 패션 영역 내의 변화가 아닌, 폭넓은 사회 전반의 영역으로부터 그 영향을 발견할 수 있다. 따라서 이러한 변화의 흐름을 파악하기 위해서는 국내외의 정치적 환경, 경제적 환경, 사회적 환경, 문화적 환경과 자연적 환경까지 사회 전반에 걸친 다양한 환경 정보 수집을 필요로 하며 이를 마케팅 환경 정보라 한다.

마케팅 환경은 기업이 속한 산업의 밖에서 장기간에 걸쳐 발생하여 마케팅 활동에 영향을 미치는 환경요인으로 현대 사회에 있어 더욱 다양하고 급변하는 요소들이 패션에 반영되며 그 중요성이 대두되고 있다.

▎마케팅 환경 정보

- 정치적 환경: 정치적 사건, 정책으로 변화된 환경
- 경제적 환경: 지표, 소득수준 등 일반적 경제 정보
- 사회적 환경: 사회구조, 화젯거리 등의 요인
- 문화적 환경: 사회 내 존재하는 신념과 가치관
- 자연적 환경: 자연환경에 대한 관심과 각종 규제

1) 정치적 환경

정치적 사건의 발생으로 변화된 환경이나 이슈, 지역 내 고유한 정치적 이념, 국제관계의 변화 및 정책 변화에 따른 법률의 개정, 정부기관 및 공공 단체의 의사결정이나 정책의 변화에 따라 생기는 규제 또는 기준을 말한다.

ex 기업규제법률 증가: 제조물 책임법(PL: Product Liability/2002년 시행)
판매자 가격표시제(Open-Price/1999년 시행)

2) 경제적 환경

소비자의 구매력과 소비행태에 가장 직접적으로 영향을 미치는 요인으로 일반적인 경제정보, 소득수준의 변화, 경제지표, 경기변동, 정부의 경제정책 변화, 실업률, 인플레이션, 기업의 전략 변화 등은 패션 기업 및 소비자의 패션행동을 변화시키는 요인이다.

그림 13 소비자 물가지수
자료: 통계청, 2021년 7월

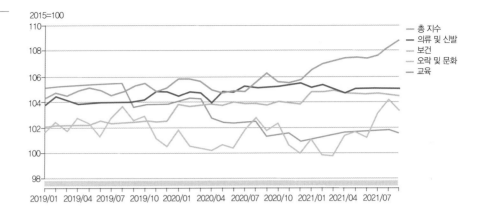

3) 사회적 환경

사회 내 대두되는 크고 작은 화젯거리도 패션 마케팅 활동에 변화 요인으로 나타난다. 또한 사회구조의 변화, 인구구조의 변화 등과 같은 일반적인 사회 환경 정보와 함께 소비자의 라이프스타일 및 소비에 대한 의식 구조, 소비 구조, 스포츠·레저에 대한 의식 변화 등이 사회적 환경을 변화시키는 요인에 해당한다.

그림 14
총 인구와 인구성장률
자료: 통계청, 2021년 12월

4) 문화적 환경

특정한 사회 내 존재하는 신념과 기본적인 가치관은 사회 내 문화적 환경을 만들고, 이는 개인의 취향과 선호도로 나타나며 패션디자인의 측면에서 가장 큰 변화를 만드는 요인이 된다. 이외에도 산업구조 변화, 문화 예술의 발전 동향이나 주목이 되는 화제, 미적 개념, 종교적 개념, 기술의 변화 등은 문화적 환경을 만드는 중요한 요소이다.

그림 15
① 카렌족의 신체변형   ② 이슬람의 히잡   ③ 재봉틀의 발명

자료: ① ⓒⓘⓞ Dave Bezaire & Susi Havens-Bezaire, ② ⓒⓘⓞ Ranoush, ③ ⓒⓘ ibsut

5) 자연적 환경

자연환경에 대한 관심과 규제가 강화되면서 자연적 환경이 패션 마케팅 활동에 미치는 영향 역시 증가하고 있다. 패션상품 개발을 위한 재료 공급이나 자연환경 보호 측면에서의 재료 수급과 생산단계에서의 공해 규제, 에너지 비용 상승 및 원자재 부족, 정부와 환경보호감시 단체의 통제와 제재 등은 최근 패션에 영향을 주는 요소로 작용하는 요인으로 대두되고 있다.

그림 16
친환경소재(우유)의 의복,
Anke Domaske의 작품과
Lea Seong의 작품

자료: www.ecouterre.com,
스포츠경향

**마케팅 환경
정보분석맵 1**

마케팅 환경분석 맵

사회적 환경정보

다음달 부스터샷..."한번 접종 끝 아니었어?" 고민빠진 얀센러
신종 코로나바이러스 감염증(코로나19) 얀센 백신 접종자를 포함해 50대와 기저 질환자...

[포토]위드 코로나와 함께 명동거리 활기를 찾을 수 있을까?

전자 예방접종증명서 쿠브, 정부혁신 우수사례 대상 수상

[여인선이 간다]이틀마다 검사?..."백신 갈라치기" 불만

국립생태원 "민통선 생태계 6곳이 시급하게 보호해야 할 지역"

천안동남서, 온라인 다국어 통합안내 '풀포유' 개설

경남 고성에 맞춤형 청년주택 '거북이집' 3호 문 열어

[이데일리]
시험관 아기 시술 건보적용 2회 추가

"이거 어떻게 연보라?"...케이크 색 두고 갑론을박

'위드 코로나' 시작 전부터 확산...전문가 '폭증 가능'
A 채널A

문화적 환경정보

단풍과 함께 즐기는 국가무형문화재...내달 21건 공개행사

최신 유행 신발·패션 한눈에...패패부산 개막

[영상] K팝 공연 보려고 노숙...LA서 열린 '한국 문화의 밤'

"마르세, 팡트" 무한 반복...한시간 즐기면 300칼로리 '버닝'

OTT, 이번엔 K다큐다 [weekend 문화]

럭셔리 자동차의 끝판왕... '롤스로이스 뉴 블랙 배지 고스트' 탄생
롤스로이스모터카가 28일(한국시각) 영국에서 뉴 블랙 배지 고스트를 세계 최초로...

파주서 28~31일 '아트 DMZ 페스티벌'...그룹전·토크쇼·경매쇼

"Smooth like butter" 일상 속 부드럽게 침범한 버터

"시니어에게 여행은 인생 반환점 '중간 급유' 역할"

주목할 만한 IT 기기-쉴 틈 없는 신상들
이케아가 테이블 램프 형태의 스피커를 공개하고,

경제적 환경정보

새 집 3억6천·헌 집 2억2천 대출

글로벌 공급망 병목현상에 세계물가 급등

"20대 가구 저축으로 서울 아파트 사려면 95년 걸려

테슬라 '천슬라' 돌파에 서학개미 800억원 팔아치웠다

음식점 10개 창업 때 8개 이상 폐업...폐업률, 타업종보다 높아

2800원짜리 '프리미엄' 컵라면?...그들만의 '고가 전략'
[영커] 2800원짜리 컵라면과 트러플 가루를 넣은 새우깡까지. 요즘 식품업계에서...

11 양상추 한통 9600원 · 한파탓 수급차질 양상추값 29%↑

"비트코인 ETF 약발 다 했나" 가상화폐 시장 다시 출렁

김포공항 출국장 면세점 신규사업자에 롯데면세점 선정

지난해 건보 의료비 9조...65세이상이 절반 썼다

정치적 환경정보

공약 아니라면서...논쟁적 화두

북한 외무성 "미국이야말로 세계 최대 해킹제국"

野 역대급 깜깜이 경선...

"정치권에서 이름 언급...이유 막론하고 국민께 사죄"

김총리, 중미 7개국 외교·통상차관 접견..."포스트코로나 협력"

당원도 아닌 교사·초등생에...'허위 임명장' 남발

'자기 집 담도 못 넘는 대선..

"정권 아닌 시대교체해야...과학·교육 개혁으로 선진국 진입"

"北영변서 2~7월 핵연료 재처리 시설 가동"...플루토늄 생산 추정
(서울=뉴스1) 장용석 기자 = 북한이 올 들어 평안북도 영변 핵시설에서 사용 후

정부, '美 대만 유엔참여' 촉구에 "하나의중국 원칙 등 고려"

[단독] 피해자에 사과 전 "'극렬 페미'에 당 흔들려"

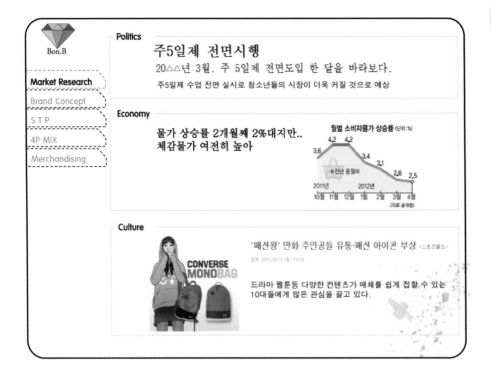

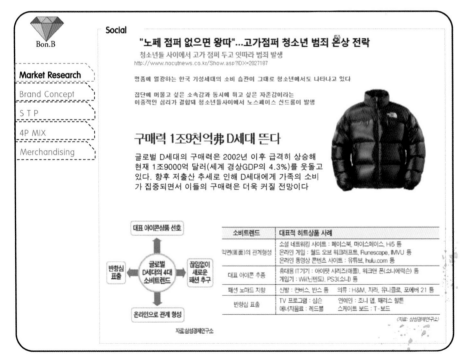

가상브랜드의 마케팅 환경 정보맵의 예시로 정치, 경제, 문화, 사회적 환경 정보의 분석내용을 간단한 요약 및 사진, 도표 등과 함께 총 2페이지에 걸쳐 정리하였다.

2. 시장 정보

시장이란 상품의 필요성과 구매의사, 그리고 구매할 능력이 있는 사람이나 집단 또는 그들의 거래가 이뤄지는 장소나 기구를 의미한다.

시장 정보는 패션 마케팅 환경 정보와 더불어 패션기업이 자사의 브랜드가 목표로 할 대상을 설정하고 관련된 시장의 영역을 규명하기 위한 정보이다.

▌시장 정보

- 국내외 의류시장 정보: 시장 및 복종, 유통규모와 성장률
- 리테일 정보: 상권, 유동인구, 가격 및 VMD
- 경쟁 브랜드 정보: 전략, 유통, 가격, 판매, 판촉 정책
- 관련 산업 정보: 소재, 부자재, 생산시장 및 기술개발

1) 국내외 의류시장 정보

국내외 의류시장의 전체적 동향과 규모 및 성장률, 복종별 규모와 판매동향 및 성장률, 유통형태별 규모 및 매출규모, 수출입 규모, 연간 시장 성장률 및 성장추이 등의 시장규모를 파악하여 자사의 성장률 및 규모와 비교 또는 운영방향을 설정할 수 있다.

그림 17 패션시장 규모 및 성장률 전망 추이
자료: Korea Fashion Market Trend(2021), 한국섬유산업연합회

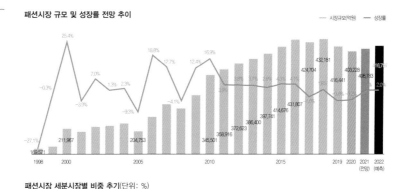

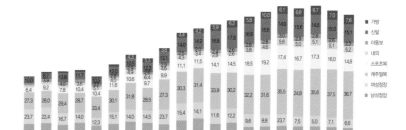

2) 리테일 정보

시장이란 상품의 필요성과 구매의사, 그리고 구매할 능력이 있는 사람이나 집단 또는 그들의 거래가 이뤄지는 장소나 기구를 의미한다.

▍ 리테일의 유형

- 매장형 소매상: 백화점, 전문점, 대형마트, 대리점, 편집매장, 재래시장, 할인점
- 무매장형 소매상: 인터넷쇼핑몰, 모바일쇼핑, TV 홈쇼핑, 라이브커머스

리테일 정보는 전체적인 상권과 소매점의 환경 및 현황조사, 인기 상품 조사, 상품가격과 구색, VMD조사, 판매원 리포트 조사, 유통인구 조사 등 소매점의 전반적인 동향에 대한 정보이다. 최근에는 전자상거래를 기반 플랫폼으로 하는 기업들이 두드러진 성장세를 보이면서 온라인 유통채널에 대한 정보도 주요 리테일 정보로 추가되고 있다.

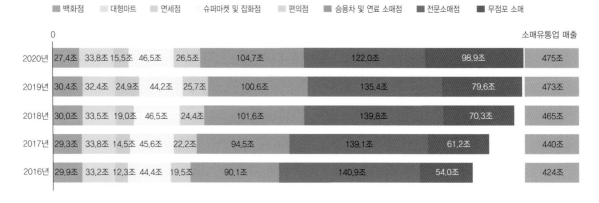

그림 18
소매유통업태별 매출액 추이
자료: 통계청, 소매판매액통계(2021년 6월)

3) 관련 산업 정보

패션상품은 많은 단계의 공정을 거쳐 제품이 완성된다는 점에서 관련 산업과의 연계성이 높다. 따라서 각 공정을 이루고 있는 산업계의 동정이나 신소재 및 염색, 가공 등의 기술개발, 소재 시장의 정보, 부자재 시장의 정보, 생산과 봉제 등의 기술개발 정보 등은 패션기업의 상품기획에 중요 부분을 차지한다.

시장
정보분석맵

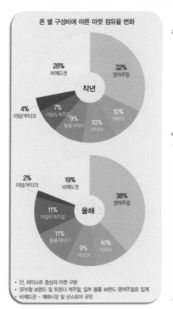

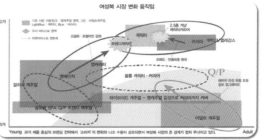

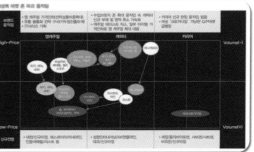

 ## SK네트웍스 사업 현황

㈜오브제 M&A, '글로벌 운영 시스템 + 디자인 역량' 확보
SK네트웍스: 타미힐피거, DKNY 등 수입브랜드 운영을 통해 글로벌 브랜드 비즈니스 노하우 습득
㈜오브제: 다년간의 컬렉션 진행으로 경쟁력 검증, 해외 바이어 및 매장 인프라 확보
디자이너 컬렉션 중심의 3단계 글로벌 플랜 추진
20△△년 글로벌 브랜드 10개 이상 육성, 20△△년 패션사업부문 규모 1조원 달성 목표
단계별 목표 수립: 두 디자이너의 글로벌화 → 두 브랜드의 글로벌화 → 사업의 글로벌 비즈니스화(주요 도시 매장 오픈)
고급화+볼륨화 이원화 전략: 현재 와이앤케이는 고급 이미지 강조, 하니와이는 컬렉션 참여를 통해 인지도 향상 도모
글로벌 인재 육성 및 네트워크 확보
20△△년 프랑스 조은경씨의 역조, 20△△년 뉴욕 리차드최 지원으로 인재 육성
향후 유통관련 역량 흡수를 위한 관련기업의 인수합병 계획 중

SK 네트웍스 패션 사업부문 히스토리

시장 분석은 전체적인 소매점 현황, 인기상품, 판매정보, 소매 상권, 유동인구, 가격, 인기숍 조사와 판매원의
판매 리포트, VMD 등의 소매점 동향 등에 대한 내용 등을 포함한다.

3. 소비자 정보

소비자 정보는 빠르게 변화하는 소비자의 기호와 욕구, 심리적인 요인에 대한 정보를 체계적으로 수집, 분석하여 상품기획에 반영하기 위한 소비자 행동특성에 대한 조사이다. 자신의 라이프스타일과 가치관을 표현하기 위한 소비와 다양한 매체를 적극적으로 탐색하는 소비과정을 파악하여 빠르게 상품기획에 반영하는 패션 스타트업 기업의 성공은 소비자 정보 활용이 패션산업에 점차 큰 비중을 차지하고 있음을 보여 준다.

▍소비자 정보

소비자 정보는 빠르게 변화하는 소비자의 기호와 욕구, 심리적인 요인에 대한 정보 등 소비자 행동의 특성에 대한 분석이다.

- 소비자 의식 등의 심리적 요인
- 상품 및 브랜드 선호도와 인지도
- 소비자 라이프스타일
- 광고효과 정보 조사
- 소비자의 구매동기나 태도
- 패션스트리트 조사
- 인구통계적 특성

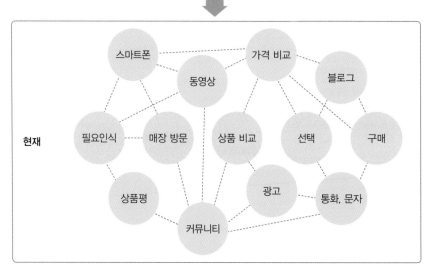

그림 19
소비자의 구매행동 전 정보탐색 과정의 과거와 현재 비교

1) 소비자 의식 등의 심리적 요인

재화나 서비스를 구매하여 사용하는 소비행동의 과정에서 소비자가 느끼는 직접적이고 주관적인 체험이나 견해를 말한다. 경제가 어려워지면 과시적 소비보다는 합리적 소비를 고려하는 소비자가 증가하거나 또는 환경과 건강에 대한 관심이 고조되면서 로하스족이나 웰빙족과 같은 소비자가 증가하는 것은 환경에 따라 소비자의 의식이 변화하기 때문이다.

2) 소비자의 구매동기나 태도

필요 인식→정보탐색→대안평가→구매 단계를 거치는 소비자의 구매행동 과정에 대한 정보조사 과정을 의미하며, 현대사회의 소비자는 상품구매 전 정보탐색의 다양한 경로를 가지고 있으며 이러한 경로는 점차 다양하게 증가하고 있는 추세이다.

3) 상품 및 브랜드 선호도와 인지도

선호도 및 인지도는 소비자의 상품이나 브랜드에 대한 호감도와 어느 범주 내의 상품 및 브랜드명을 쉽게 떠올릴 수 있는 능력을 의미하며 소비자의 구매행동에 직접적인 영향을 주는 요소이다. 특히 고부가가치 산업인 패션산업에서의 선호도 및 인지도는 제품의 가격 상승으로 연결되는 로열티를 만들어내는 부분이기도 하다.

그림 20
패션 정보원

자료: Korea Fashion Market
Trend(2021), 한국섬유산업연합회

4) 패션스트리트 조사

패션스트리트 조사는 소비자의 패션상품 착용경향에 대한 조사로, 패션트렌드 정보에 포함되기도 한다. 타깃 소비자의 주요 상권이나 밀집지역에서 정기적 또는 비정기적으로 그들의 착용경향을 촬영과 같은 시각자료를 통해 수집, 분류하여 특징을 파악하는 방법이다.

5) 소비자 라이프스타일

소비자 개인의 활동, 의식, 흥미, 태도 등을 포함한 사람들의 특징적인 생활양식을 라이프스타일이라 하며, 라이프스타일 조사는 개인이 시간과 돈을 소비하는 유형을 스타일별로 분류하는 것이라 할 수 있다.

▋ 소비자 정보조사 방법

소비자의 구매동기나 태도, 구매유형, 상품 및 브랜드 선호도 등을 파악하기 위해 직접적으로 소비자를 대상으로 진행하는 조사로, 조사방법은 다음과 같이 분류할 수 있다.

- **질문지법(Survey법)**

  조사할 문제에 대한 사전조사를 통해 계획적으로 작성된 질문사항에 대해 조사대상자가 필답으로 응답하게 하는 방법으로 설문조사라고도 한다.

  (내방 고객 또는 동행인 대상 서면응답, 우편발송, 전화 및 인터넷 홈페이지 등 이용)

- **면접법(Interview법)**

  조사대상자를 직접 만나 질문과 응답의 대화를 통해 조사를 진행하는 방법으로 특히 조사대상자의 태도를 함께 파악해야 하는 태도조사의 경우 많이 활용되며, 질문지법에 비해 심층적인 조사가 가능하다.

- **관찰법**

  지역별 주요 상권에서 정기적 또는 비정기적으로 왕래하는 소비자의 착장 경향을 직접 관찰하여 촬영하고 패션분석 단위(스타일, 컬러, 소재, 아이템 등)별로 분류하는 방법으로, 패션업체에서는 패션스트리트 조사를 위해 가장 많이 사용하는 방법이다.

  > **패션스트리트 조사**
  >
  > 패션분석의 단위 결정: 스타일, 컬러, 소재, 아이템 등
  > → 조사의 표적집단 결정: 연령별, 성별, 패션감도별 등
  > → 조사할 장소 및 시간대 결정
  > → 촬영한 착장 경향을 스타일, 컬러, 소재, 아이템 등의 패션분석 단위로 그룹핑
  > → 표적집단 및 장소별 착장의 특징을 패션분석 단위별 빈도와 퍼센트로 정리하며 정기적 조사의 경우, 앞선 조사에서 정리된 특징과 비교, 분석

- **실험법**

  조사대상자의 자연적 또는 인위적 환경에 변화를 주고 각 변수가 조사대상자에게 어떤 영향을 미치는지를 측정하는 방법

- **ZMET(Zaltman Metaphor Elicitation Technique, 은유추출 기법)**

  조사대상자가 조사대상이 되는 사물 또는 이미지를 보고 떠올리는 이미지를 파악한 후, 어떤 은유를 사용하는지와 그 이유를 파악하는 방법으로, 조사대상의 잠재된 의식을 알아내고자 하는 현대 마케팅에서 사용되기 시작한 방법이다.

- **델파이(Delphi) 기법**

  여러 전문가의 의견을 모으고 교환하고 발전시켜 미래를 예측하는 방법으로 집단의 의견을 조정, 통합, 개선하는 과정을 통해 미래의 예측과 이에 따른 목표설정 또는 해결방안을 모색하기 위한 조사 방법이다.

정보분석

| 마케팅 환경정보 | 시장정보 | **소비자정보** | 패션트렌드정보 |

| 기존의 소비자 | 새로운 소비자 | 소비자 분석 |

25-54세 연령층에서 68%, 18~24 연령층에서 64%가
의류시장의 주 고객층이며,
10대, 노인층 , 유아용 시장은 50%미만

초저가 의류를 추구
하는 소비 트렌드

경제침체로 인한 초저가 의
류를 추구하는 소비 증가

가격과 품질의 상대적 관계
에 민감하고 삶의 가치를
중시하며 편의성과 합리성
중시

제품 고유의 본질에 의미와
가치를 부여하는 가치관

감도 높은 디자인 추구
하는 똑똑한 소비 트렌드

확고한 브랜드 아이텐티티와 감
도 높은 디자인을 추구

시대상을 반영한 고급스러움과
웨어러블한 디자인의 컨템포러리
여성복의 인기

개개인의 라이프스타일 반영한
트렌드와 고감도의 퀄리티가 상
품선택의 중요 요소

연령대 소비자 분석

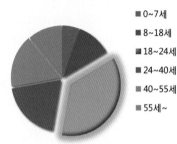

- ■ 0~7세
- ■ 8~18세
- ■ 18~24세
- ■ 24~40세
- ■ 40~55세
- ■ 55세~

정보분석

| 마케팅 환경정보 | 시장정보 | **소비자정보** | 패션트렌드 정보 |

리커머스로 할인받아 산다! 'recommerce'

기존에 사용하던 제품을 반납하면 새로운 상품을 살 때 할인 혜택을
제공하며 보상판매와 상품을 바꿔주는 교환판매 등을 일컫는 말.
고객들의 금전적 부담을 덜어줌으로써 판매 확대를 꾀하는
마케팅 전략

업체별 보상판매 내용	
가젤	아이패드 등 IT 기기 보상판매
휴렛팩커드	중고 프린터 사들인 후 신제품 구매시 할인
망고	1년 내에 제품 반납하면 20% 할인 혜택
리바이스	헌바지 반납시 신제품 할인
스페인 무르시아시	자동차 반납 시 전철 평생 이용권 제공
겝	옷 기부시 신제품 할인
푸마	신발 기부시 신제품 할인
막스앤스펜서	옷 기부시 신제품 할인

신인류 '퍼블리즌'이 뜬다
(Publizen = Publicity 공개 + Citizen 시민)신조어

웹사이트와 블로그를 통해 자신을 드러내고 전파하는 것을 즐기는
인터넷 시대의 신인류 퍼블리즌이 세상을 바꾸고 있다.
자신의 기호나 취미, 역할을 인터넷에 공개하며 기기나 프로그램의
신기술을 적극적으로 이용한다.

SMART-ing   소셜연방   新 한류 열풍

소비자 정보분석은 소비의식, 구매행동, 라이프스타일, 인구통계적 특성, 상품 및 브랜드 선호도와 인지도, 패
션스트리트 조사, 광고 효과 정보조사 등에 소비자 동향에 대한 내용 등을 포함한다.

4. 패션트렌드 정보

1) 패션 정보의 수집 및 분석

패션 정보는 다음 시즌의 패션디자인을 전개하기 위해 패션마켓의 상품 스타일을 분석하고 새로운 시즌의 상품기획을 결정하는데 가장 큰 영향을 미치는 정보요소이다. 또한 패션경향에 대한 예측, 패션시장 및 소비동향, 업계동향, 패션계 전반의 소식이나 인적정보 등 국내외 정보를 모두 포함한다.

그림 23
패션트렌드 정보의 반영 과정

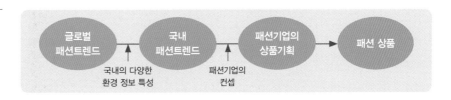

┃ 해외 패션 정보조사 내용

- 패션 정보사의 예측 정보 및 패션 정보지, 패션 경향 설명회
- 패션 상품 기획사 및 바이어의 예측 정보
- 패션 잡지, 패션 신문 및 각종 전문지와 기타 신문, 잡지
- 패션 업체의 카탈로그, 정기 간행물, 행사 정보
- 브랜드 및 디자이너 컬렉션
- 백화점 및 주요 상권의 스트리트 상품 조사
- 패션 관련 세미나 및 전문 모임의 자료
- 각종 패션 관련 행사 정보 등

┃ 국내 패션 정보조사 내용

- 패션 정보사의 예측 정보 및 패션 정보지, 패션 경향 설명회
- 패션 잡지, 패션 신문 및 각종 전문지와 기타 신문, 잡지
- 경쟁사 동정 및 상품 조사, 관련 업체로부터의 정보
- 패션업체, 백화점의 카탈로그, 정기 간행물, 행사 정보
- 브랜드 및 디자이너 컬렉션
- 백화점 및 주요 상권의 스트리트 상품 조사
- 지사, 대리점, 모니터, 통신원 리포트
- 패션 관련 세미나, 각종 학술 연구지 및 전문 모임의 자료 등

2) 패션트렌드 정보

트렌드는 과거와 현재의 흐름에 가까운 미래의 움직임이 더해져 예측되는 일종의 경향이다. 패션트렌드 정보는 패션이 움직이는 방향이나 흐름을 파악하는 것을 의미하며 현재의 유행이 어떻게 변화할 것인지 미리 예측하는 것으로, 소비자들로 하여금 변화된 새로운 패션상품을 구매하게 만드는 가장 커다란 이유이기도 하다.

패션트렌드는 크게 프리 트렌드(Pre-trend=General trend) 정보와 컬렉션(Collection) 정보로 나눌 수 있으며 일반적으로 패션트렌드 정보라 함은 프리 트렌드 정보 또는 제너럴 트렌드 정보를 일컫는다.

❚ 패션트렌드 정보

- 전체적인 경향(General Trend)
- 패션테마(Fashion Theme)
- 스타일경향(Style Trend)
- 색채경향(Color Trend)
- 소재경향(Fabric Tend)
- 패턴경향(Pattern Trend)
- 실루엣경향(Silhouette Trend)
- 디테일경향(Detail Trend)
- 아이템경향(Item Trend)

패션트렌드 정보 | 인플루언스 | 테마 | 컬러 | 실루엣

스타일 | 디테일 | 소재 | 패턴 | 액세서리

그림 24
패션트렌드 정보의 구성요소

Influence			• 시즌 트렌드에 영향을 준 다양한 영감을 소개 • 영감의 모티프를 4~6개의 테마로 분류, 설명 및 키워드와 이미지 제안
Influence Source			Influence 영감의 근원이 되어 Influence Map에 사용된 이미지 소스 제시
Pre-trend	Inspiration & Theme		시즌 Inspiration에 의해 분류한 테마의 소개
	Color		• 전체적인 컬러경향과 컬러톤별 특징 및 전년도 대비 컬러의 특징 비교, 분석 • 테마별 적용 컬러의 특징 및 컬러 맵
	Fabric & Pattern		• 전체적인 소재경향의 특징 및 주요변화, 소재맵 • 테마별로 적용된 소재와 패턴의 특징 및 소재를 사용한 스타일 예시
	Style & Item		테마별 스타일의 특징과 아이템 및 디테일의 특징을 설명 및 이미지와 함께 소개
for Women/ Men	Theme		Pre-trend의 influence와 테마를 여성복·남성복에 적용하여 만들어진 theme
	Color		• Color analysis: 컬러경향과 컬러톤별 특징 및 전년도 대비 컬러의 특징 비교, 분석 • Proposal color: 테마별 컬러의 특징 및 컬러맵 • Key color: 색상톤의 특징과 컬러칩 제시
	Fabric & Pattern		• Fabric point: 소재경향의 특징 및 주요변화 • Key fabric: 품목별 소재의 특징 • Key pattern: 주요 패턴의 특징
	Style		테마별 주요 스타일을 이미지와 컬러, 소재로 구성된 맵으로 제시
	Item		아이템 및 디테일의 특징과 주요변화
for Youth	Market		소비자 시장의 주요현상에 따른 그룹 분류 및 그룹별 특징을 설명
	Denim		Youth시장의 주요 아이템인 Denim의 주요 경향별 분류 및 각 분류별 Color, Finishing, Technic에 대한 설명 및 이미지
	Style		시즌 Inspiration에 의해 분류한 테마 및 스타일 소개

표 15 발표된 패션트렌드 정보의 구성내용

삼성디자인넷(www.samsungdesign.net)에서 발표한 패션트렌드이다. 트렌드 정보의 내용은 Influence, Inspiration, Pre-trend와 여성, 남성, 영 층을 위한 트렌드로 구분하여 발표하고 있다.

3) 패션트렌드 정보의 활용

세계적인 유행경향의 예측으로 소개된 패션트렌드는 국내의 다양한 환경적 특성을 고려하여 국내에 맞는 패션트렌드로 소개된다. 각 패션기업에서는 이렇게 소개된 국내 패션트렌드 정보를 자사의 상품기획 방향에 적용될 수 있도록 분석하게 되는데 이 과정은 보통 상품기획의 가장 앞선 단계로 해당 시즌보다 2~3시즌 앞서 진행된다.

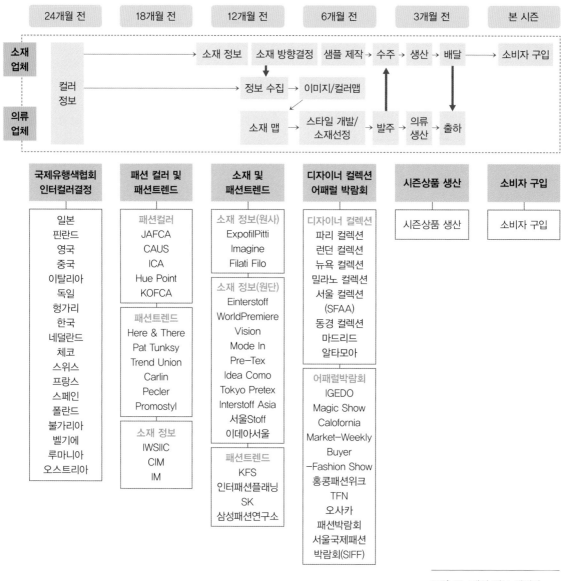

그림 25 패션 정보 캘린더

패션트렌드 정보분석맵 1

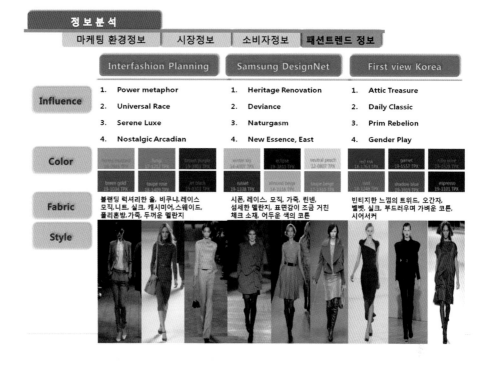

정보분석

| 마케팅 환경정보 | 시장정보 | 소비자정보 | 패션트렌드 정보 |

	Interfashion Planning	Samsung DesignNet	First view Korea
Influence	1. Power metaphor 2. Universal Race 3. Serene Luxe 4. Nostalgic Arcadian	1. Heritage Renovation 2. Deviance 3. Naturgasm 4. New Essence, East	1. Attic Treasure 2. Daily Classic 3. Prim Rebelion 4. Gender Play
Color			
Fabric	블랜딩 럭셔리한 울, 비쿠냐,레이스 모직,니트, 실크, 캐시미어,스웨이드, 폴리혼방,가죽, 두꺼운 멜란지	시폰, 레이스, 모직, 가죽, 린넨, 섬세한 멜란지, 표면감이 조금 거친 체크 소재, 어두운 색의 코튼	빈티지한 느낌의 트위드, 오간자, 벨벳, 실크, 부드러우며 가벼운 코튼, 시어서커
Style			

패션트렌드 정보분석맵 2

거시적 환경   의류시장환경   소비자 분석   **패션 트렌드**

시장환경조사 및 분석

Influence	Color	Fabric	Style
ALTERNATIVE 고정관념에서 탈피하고 보다 질적 인 삶으로 들어서는 것		탈색가공. 데님 역시 진즈, 재킷, 캔 버스 바탕과 같은 모든 종류의 제품 에 탈색 트렌드가 선호. 마치 한여름 의 태양에 바랜듯한 느낌	
SKETCHY 가녀린 연필선, 초안이나 스케치의 아름다움을 표현하는 모던 로맨틱 무드		소재를 통한 가벼움의 표현-톨, 거즈, 리노, 꽈배기 니트나 자수 놓인 보일 직물들	
INITIATION 조상의 노하우와 테크닉을 재발견 해 풍부한 양식을 지닌 창의적 솔루 션 제공		테크니컬한 리넨 및 햄프 직물. 리넨 및 햄프사가 폭 넓고 다양한 제 품에 사용 가능한 복합 소재의 멋진 바탕이 됨.	

패션트렌드 정보분석은 패션 정보사에서 발표한 패션트렌드를 분석, 종합하여 전체적인 경향과 패션테마, 스타일, 색채, 소재, 패턴, 실루엣, 디테일, 아이템 등의 경향을 정리한다.

CHAPTER 02
표적시장 설정

TARGET MARKET

1. 브랜드 분석

마케팅 환경 정보, 시장 정보, 소비자 정보, 패션 정보 등의 마케팅 정보분석을 통해 자사가 목표로 하는 시장을 선정하고 그 시장 내의 소비자를 대상으로 적절한 상품과 서비스를 효과적으로 개발하기 위해 패션기업은 패션브랜드의 런칭을 위한 브랜딩 작업을 하게 된다. 따라서 브랜드 런칭 및 리뉴얼을 위한 브랜드 분석의 과정을 통해 패션상품의 물질적 가치에 부가적인 가치를 부여할 수 있는 가장 차별화된 브랜드를 기획하게 된다.

그림 26
브랜드 맵(Brand Map)

1) 브랜드 이미지 Brand Image

새로운 브랜드를 런칭할 경우, 또는 브랜드를 리뉴얼할 경우에는 마켓 리서치를 통해 표적시장을 설정하는 과정에서 상품명을 결정하고 브랜드 이미지 설정을 위한 B.I(Brand Identity)작업을 실시한다. 따라서 브랜드를 런칭하고 상품기획을 하는 과정에서 패션기업은 자사의 브랜드가 이러한 의미를 유지하도록 끊임없는 노력을 해야 한다.

(1) 브랜드의 구성요소

브랜딩 작업을 위해 타 브랜드와는 차별되는 상표화 수단을 수집하여 최종적으로 브랜드 이미지를 표현하게 되는데 이때 사용되는 상표화 수단의 요소를 브랜드의 구성요소라 한다.

브랜드의 구성요소는 쉽게 인식되고 기억할 수 있으며, 수많은 브랜드 중에서 자사의 브랜드를 확인, 선택하는 데 용이해야 한다. 또한 브랜드의 제품과 의미의 연관성이 있어야 하며, 브랜드 내 제품 개발 시에도 전이와 적용이 가능하고, 발음이나 로고의 미적 매력으로 소비자에게 호감을 줄 수 있어야 한다. 이러한 브랜드의 구성요소는 타 브랜드와의 경쟁이나 도용에 대한 상표권 보호가 가능해야 한다.

이렇듯 소비자로 하여금 자사의 브랜드를 잘 기억하고 브랜드의 가치를 충분히 평가할 수 있는 브랜드를 만들기 위해 필요한 구성요소는 다음과 같다.

▌브랜드 상표의 구성요소

수많은 브랜드 중에서 자사의 브랜드를 확인, 선택하는 데 도움을 주며 타 브랜드와 차별되는 상표화 요소 및 수단이다.

브랜드 네임, 브랜드 마크, 슬로건, 캐릭터, 징글, 라벨링 & 태그, 기타 패키지

- 브랜드 네임(Brand Name): 브랜드의 이름, 상표명
- 브랜드 마크(Brand Mark): 브랜드 네임을 대표하는 이미지
- 슬로건(Slogan): 브랜드가 추구하는 이미지나 성격을 표현하는 짧은 문장
- 캐릭터(Character): 브랜드의 성격 또는 특징을 의인화한 브랜드 심벌
- 징글(Jingle): 브랜드 표현에 이용하는 음악적인 도구
- 라벨링 & 태그(Labelling & Tag): 패션제품에 부착하여 브랜드 네임을 표시하는 부자재
- 기타 패키지(Package): 쇼핑백, 케이스 등 제품 포장에 사용되는 부자재

① 브랜드 네임 Brand Name

브랜드 네임은 브랜드를 구분하는 가장 기본적인 요소로 브랜드의 이름(상표명)을 일컬으며, '의미, 발음, 표기'의 세 가지를 상품의 이미지와 결합시켜 전체로서 토탈 이미지가 형성되었을 때 비로소 브랜드의 네임이 이루어진다.

브랜드 네임은 소비자가 얼마나 쉽게 기억할 수 있는지를 기준으로 선정되는 경우가 많으며 짧은 단어나 하나의 문장, 여러 개의 단어 조합으로 타사의 브랜드 네임과 차별화를 두기도 한다. 또한 기존의 브랜드 네임에 확장되는 제품군을 설명하는 수식어를 더하여 브랜드 네임+키즈, 걸, 레이디, 옴므, 골프 등의 브랜드 네임을 만들어 브랜드를 확장하기도 한다.

상표명 결정방법	패션브랜드
덧셈법	빈폴(Bean+Pole), 마인드 브릿지(Mind+Bridge), 예작(예술+작품), 아쿠아스큐텀[Aqua(물)+Scutum(방패)]
뺄셈법	UNIQLO(Unique Clothing Warehouse), Swatch(Swiss Watch), DAKS(Dad+Slacks), Olzen(Oldhand+Zenith),
의인화법	마담포라(Madam Polla), 에고이스트(egoist)
의성어 활용법	앙떼떼, 나프나프(NAF NAF), 무냐무냐
좌우 대칭법	LOLLOL, XIX, VOV, olive des olive
유머 활용법	놈, 지지배, 날아라 금붕어
숫자, 기호 결합법	Storm292513, K2, A6, YK038, 96ny, 1492마일즈
연음법	고아라, 오르다, 이브리오
문장형	NVU(I envy you), Joinus, Morriscominghome, Visit in NewYork, She's Miss, WHO.A.U
인명, 지명 활용법	루이비통, 페라가모, 샤넬, 프라다, 버버리, 손정완, KUHO
상징법	Time, System, Galaxy, Theory, Minimum, Guess
우리말 기법	쌈지, 딸기, 마루, 숲
제2외국어 기법	엘르(佛: 그녀), 에스쁘리(佛: Spirit), Nautica(伊: Navigator), 몽블랑(佛: 하얀산), 베스띠벨리(伊: 최고의 아름다움), Comm des garcons(伊: 소년처럼), THEE(英: 그대에)
신화 기법	나이키(니케), HERMES
이니셜 활용법	FCUK(French Connection United Kingdom), FUBU(For Us By Us), EnC(Easy & Chic), ASICS(Anima Sana In Corpore Sano), OZOC(Own Zone Original Comfort), NII(Newyork Ivyleague Institute), TBJ(The Best Jean)

표 16
브랜드 네임의 결정 방법
자료: 한성지 외, 2008:16 수정

② 브랜드 마크 Brand Mark

브랜드 마크는 브랜드 네임을 대표하는 이미지로, 브랜드 네임의 전체, 또는 이니셜을 독창적인 서체로 디자인하여 그대로 사용하거나(워드마크: word-mark), 브랜드의 이미지를 추상적으로 형상화한 아이콘(심벌: symbol)을 사용하기도 한다. 이때 워드마크와 심벌을 통틀어 로고(logo)라 하고 워드마크가 아닌 추상적 로고를 심벌(symbol)이라 한다.

그림 27 브랜드 마크

로고(Logo)	
워드마크(word-mark)	추상적 로고(symbol)

③ 슬로건 Slogan

브랜드가 추구하는 철학과 방향성을 표현하기 위해 사용하는 짧은 표어나 문장 등의 언어적 도구로, 타깃마켓에 브랜드의 아이덴티티를 전달하고 컨셉을 함께 공유하는 데 참여하도록 하는 역할을 한다.

그림 28 슬로건

④ 캐릭터 Character

특정 대상의 성격 또는 특징을 표현하며 소비자에게 친근한 이미지를 위해 의인화된 사물이나 동물을 사용하는 특별한 유형의 브랜드 심벌이다.

그림 29 캐릭터

⑤ 징글 Jingles

멜로디나 쉬운 가사와 함께 반복되는 브랜드 네임을 담은 음악적인 도구로 20세기 초반 방송 광고가 주로 라디오에 제한되어 있을 때 중요한 브랜딩의 도구로 사용되었으며, 소비자들로 하여금 광고 후에도 복창하거나 기억하기 쉬운 작용을 한다.

ex SK텔레콤의 통화연결음, 인텔인사이드 광고 후반의 차임벨,
새우깡이나 써니텐과 같은 CM송 등

⑥ 라벨링·태그 Labelling & Tag

라벨은 패션제품에 부착되어 브랜드 네임을 표시하는 역할을 하며 행택(hang tag)은 제품의 바코드와 가격 등의 상품정보를 표시한다. 이외에도 패션제품 내부에 부착되어 호칭, 섬유의 성분, 세탁 및 취급 방법, 원산지 등의 제품정보를 제공하는 케어라벨(care label)이 있다.

그림 30 라벨링·태그
자료: ⓘ Michael Francis McCarthy, ⓘ EnjoyTheFresh, www.wovenlabelsuk.com

⑦ 기타 패키지 Package

명함, 쇼핑백, 옷걸이, 카탈로그, 차량, 인테리어 간판 등의 상표요소를 통일화할 때 브랜드의 이미지 및 성격이 일관적으로 표현될 수 있다. 이러한 작업은 협의의 B.I 작업 중 하나라 할 수 있으며 앞의 작업을 통일화하는 과정을 B.I의 외적 브랜드 아이덴티티 과정이라 한다.

그림 31 기타 패키지
자료: ⓘⓞgandhiji40, ⓞⓞannanta, www.weareselecters.com

(2) 브랜드 아이덴티티 B.I: Brand Identity

수많은 브랜드가 존재하는 패션산업에서 제품의 차별화만으로는 경쟁력을 갖기 어려우므로, 새로운 브랜드를 런칭하는 과정에서 브랜드의 독특한 이미지 형성과 아이덴티티를 갖춘 새로운 브랜드를 런칭하는 과정은 무엇보다 중요하다.

기업이 추구하는 정체성인 브랜드 아이덴티티는 외적 구성요소와 내적 구성요소가 더해져 만들어진다. 외적 구성요소의 경우 기업의 의도대로 소비자가 쉽게 받아들일 수 있는 시각적인 요소인데 비해, 내적 구성요소는 기업이 추구하는 브랜드의 이미지나 컨셉 등의 의미적인 요소를 말한다. 따라서 소비자가 기업의 의도와 같은 브랜드의 이미지나 컨셉을 공감할 수 있도록 하는 기업의 노력이 필요하며 이를 통해 브랜드의 아이덴티티와 소비자 인식의 차이가 줄어들수록 성공한 브랜드가 될 수 있다.

▌ 브랜드 아이덴티티

B.I(Brand Identity)란 브랜드의 정체성 또는 독창성의 의미로 타 브랜드와 구별되는 브랜드 구성요소의 조합이라는 시각적인 외적 구성요소와 기업이 추구하는 정체성이라는 내적 구성요소로 이루어진다. 따라서 B.I.P(Brand Identity Program)는 상표명, 즉 브랜드 네임을 결정하고 브랜드 이미지와 성격을 결정하는 브랜드 컨셉(Brand Concept) 설정 과정이 포함된다.

- 외적 구성요소: 브랜드 네임, 브랜드 마크, 슬로건, 캐릭터, 징글, 라벨링과 태그, 기타 패키지
- 내적 구성요소: 기업이 추구하는 브랜드의 목표, 컨셉, 타깃 등의 정체성

그림 32
브랜드 아이덴티티의 구성요소
자료: David A. Aaker, 1996: 79 재구성

(3) 브랜드 컨셉 Brand Concept

브랜드 상표의 구성요소와 브랜드 아이덴티티를 통해 정리된 브랜드 이미지는 이제 브랜드가 지향하는 차별화된 이미지를 표현하기 위한 컨셉화 과정으로 진행된다.

브랜드 컨셉은 브랜드의 기본 방향으로 브랜드의 이미지와 성격을 의미하며, 컨셉 설정을 위해 패션 이미지, 패션 타입, 패션 필링, 패션 마인드 등의 기준이 활용된다.

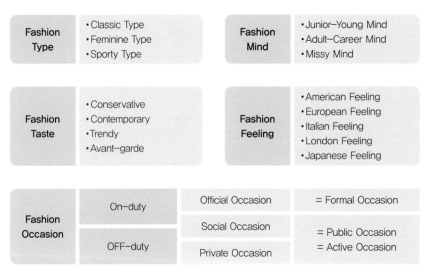

그림 33 브랜드 컨셉

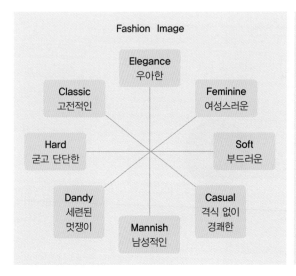

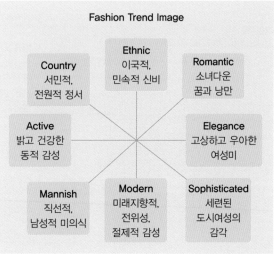

① 패션 타입 Fashion Type

- **클래식(Classic) 타입**: 시대를 초월하여 가치를 인정받아 보편성을 갖는 스타일

  ex) 테일러드 수트, 가디건, 샤넬 수트 등

- **페미닌(Feminine) 타입**: 여성스럽고 우아함을 강조한 스타일

  ex) 여성스러운 색상과 꽃무늬 등의 프린트, 프릴, 레이스, 플레어의 디테일 등

- **스포티(Sporty) 타입**: 기능적이고 활동적, 실용적 스타일

  ex) 코튼, 스트레치 등의 기능적 소재와 비비드하고 클리어한 색상, 티셔츠, 점퍼, 트레이닝 슈트 등의 아이템

② 패션 마인드 Fashion Mind

- **주니어·영(Junior-Young) 마인드**: 학생~사회 초년생의 강한 개성과 유행에 민감하고 모험적 패션을 즐기는 마인드
- **어덜트·커리어(Adult-Career) 마인드**: 현대적이면서도 트래디셔널한 이미지로 직장여성의 전문적 이미지와 유행에 민감한 도회적 스타일링을 즐기는 마인드
- **미시(Missy) 마인드**: 자신만의 방식으로 유행을 받아들이는 센스와 자신에게 어울리는 코디네이트 연출, 수준 있는 디자인, 품질 등 높은 수준을 추구하는 미의식

③ 패션 감각 Fashion Taste

- **컨서버티브(Conservative)**: 유행에 좌우되지 않고 보수적 스타일을 고수하는 감각
- **컨템퍼러리(Contemporary)**: 적당한 유행과 현대감각에 맞는 스타일을 지향하는 감각
- **트렌디(Trendy)**: 유행을 적극적으로 수용하는 패션 스타일을 선호하는 감각
- **아방가르드(Avant-garde)**: 유행을 넘어 새로운 스타일을 만들어 표현하는 것을 즐기는 감각

④ 패션 필링 Fashion Feeling

- **아메리칸(American) 필링**: 캘리포니아의 스포티 캐주얼과 뉴욕풍의 커리어 감각
- **유러피안(European) 필링**: 색상배색 중심의 파리지엥 스타일
- **이탈리안(Italian) 필링**: 화려한 배색과 패턴의 엘레강스한 이탈리안 스타일
- **런던(London) 필링**: 클래식한 브리티쉬 트래디셔널과 실험적 디자인, 펑크 감각
- **재패니즈(Japanese) 필링**: 동양적 젠스타일과 하라주쿠 스타일의 영스트리트 감각

⑤ 패션 어케이전 Fashion Occasion

- **오피셜(Official) 어케이전**: 출근, 통학 등 공적인 생활을 위한 패션타입
  (= 포멀(Formal) 어케이전)
- **소셜(Social) 어케이전**: 쇼핑, 데이트, 모임 등 사교생활을 위한 패션타입
  (= 퍼블릭(Public) 어케이전)
- **프라이빗(Private) 어케이전**: 휴식, 여가활동 등 사적인 생활을 위한 패션타입
  (= 액티브(Active) 어케이전)

⑥ 패션 이미지 Fashion Image

- **엘레강스(Elegance)**: 고급스럽고 우아하고 성숙한 이미지
  ↔ **매니시(Mannish)**: 남성복을 그대로 재현하거나 남성복의 직선적인 이미지
- **페미닌(Feminine)**: 여성스럽고 사랑스러운 이미지
  ↔ **댄디(Dandy)**: 멋쟁이 남자의 의미로 귀족적인 남성의 고급스러운 이미지
- **소프트(Soft)**: 부드러움을 강조한 디테일과 색상의 이미지
  ↔ **하드(Hard)**: 견고하고 단단한 선의 표현과 색상, 디테일의 이미지
- **캐주얼(Casual)**: 활동적이고 편안한 실용성을 추구하는 이미지
  ↔ **클래식(Classic)**: 시대를 초월하여 가치를 인정받는 고전적이고 기본적 이미지

⑦ 패션트렌드 이미지 Fashion Trend Image

그림 34 브랜드 컨셉 설정을 위한 단어 선택 작업

표 17
패션트렌드 감성 이미지와
형용사 언어

패션이미지	표현
엘레강스	우아한, 여성스러운, 고급스러운, 아름다운, 정적인, 품위의, 고상한
페미닌	여성스러운, 부드러운, 연약한, 곡선의, 섬세한, 흐르는 듯한, 가냘픈
쿠튀르	품격 있는, 디자이너의, 맞춤복의, 가치 있는, 품격 있는, 값진
로맨틱	꿈꾸는 듯한, 낭만적인, 여성스러운, 소녀의, 인형 같은
이노센트	순수한, 소녀취향의, 청순한, 청결한, 스쿨걸의, 양치기 소녀의
글래머	성숙한, 영화 속 여인의, 볼륨 있는
섹시	성적 매력의, 노출의, 투명함의, 속옷 느낌의
뱀프	육감적인, 타이트한, 에로틱한, 섹슈얼한, 바람기 있는 여성의
프레피	명문가의, 사립고교의, 교복느낌의, 클래식의
미스테리	신비스러운, 아방가르드한, 묘한, 환상적인
에스닉	이교도의, 종교적인, 전통적인, 민속복의, 신비로운
집시	보헤미안의, 페전트풍의, 집시풍의, 라틴의, 포클로어풍의
앤틱	고전의, 향수의, 골동품의, 옛것의, 고미술의
오리엔탈	동양적인, 중국풍의, 일본풍의, 민속적인, 기모노의
히피	자연으로의, 비문명적인, 인디언풍의, 남루한, 긴 헤어의
레트로	복고풍의, 지난 시대의, 지난 패션의, 재현하는
컨트리	자연의, 서민적인, 자유분방한, 아웃도어의, 원시적인, 전원적인
사파리	사파리의, 모험가의, 수렵의, 활동적인
웨스턴	북아메리카의, 카우보이의, 인디언의, 패치워크의, 개척자의
에콜로지	자연그대로의, 생태학의, 내추럴한, 천연의, 순수한
액티브	활동적인, 동적인, 남성적인, 캐주얼한, 쾌활한
스포티	스포츠맨의, 스포츠의, 기능적인, 활동적인, 건강한, 운동경기의
마린	해군의, 선원의, 바다의, 시원한, 흰색과 청색의, 스트라이프의
서퍼	파도타기의, 남태평양의, 알로하의, 열대무늬의, 버뮤다의
밀리터리	군인의, 군복풍의, 직선적인, 활동적인, 계급의, 전투적인
매니시	남성 취향의, 수트의, 남녀평등의, 남성복의
댄디	멋진 남자의, 세련된, 예복의, 사치스러운, 까다로운, 아름다운
앤드로지너스	무성감각의, 남성의 여성화, 여성의 남성화, 양성의
보이시	소년취향의, 직선적인, 발랄한, 밋밋한 가슴의, 가르송룩의
플래퍼	말괄량이의, 1920년대의, 자유분방한, 직선적인, 낮은 허리선의
모던	현대적인, 미래의, 기능적인, 심플한, 시크한, 무채색의
포스트모던	유희적인, 재미있는, 호기심의, 대담한
메탈릭	금속적인, 광택의, 우주복의, 미래공상과학의, 비닐의
팝	단순명쾌한, 대중적인, 상업적인, 컬러풀한, 실험적인, 즐거운
키치	저속적인, 유머러스한, 파괴적인, 전통을 깨는, 반대의
그런지	낡은, 헌옷의, 스트리트풍의, 재활용의, 1990년대의
펑크	파괴적인, 도발적인, 기괴한, 찢어진, 창백한, 락 밴드의, 타투의
소피스티케이티드	지적 세련미의, 커리어우먼의, 세련된, 도시적인, 멋 부린
클래식	전통의, 격식 있는, 영국신사의, 베이직한, 샤넬의, 버버리의, 체크의
트래디셔널	전통의, 고전의, 미국신사의, 아이비스타일의, 매니시한
시크	절제된, 고상한, 세련된, 심플한, 지적인, 차분한, 소프트한, 단순한

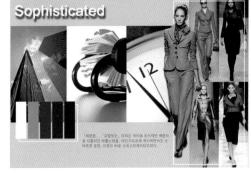

그림 35 패션 감성별 이미지 맵

2) 경쟁 브랜드 분석

경쟁 브랜드 조사 및 분석

경쟁 브랜드 분석은 현재의 경쟁상황에서 자사 브랜드와 상품라인 및 품목이 유사하여 타깃 및 시장 포지셔닝이 비슷한 경쟁 브랜드에 대한 전반적인 조사 및 분석을 의미한다.

•브랜드 이미지와 인지도	•컨셉	•타깃
•상품	•가격	•마케팅 전략 등

다양해지는 소비자 욕구와 브랜드 간 치열한 경쟁 속에서 자사 브랜드의 표적 시장을 분명하게 설정하고 기획하기 위하여 경쟁 브랜드 조사는 필수적이며 정기적으로 이루어져야 한다. 경쟁사의 회사전략과 자본력, 조직구성과 경쟁 브랜드의 시장 포지셔닝, 브랜드 이미지, 시장점유율, 가격정책과 마진, 유통정책, 판매 및 판촉전략, 제품 제조기술, 상품의 스타일 분석, 해외 기술제휴 정보 등이 분석의 대상이 된다. 패션기업의 경우 소비자 선호도가 높은 경쟁 브랜드를 중심으로 경쟁 브랜드의 강점을 이해하고 자사 브랜드의 약점을 보완할 전략 및 상품기획을 진행해야 한다.

그림 36
경쟁 브랜드 포지셔닝의 예

가격 \ 패션수용도	Conservative (Established)	Contemporary (New-Established)	Trendy (Up-To-Date)	Avant-garde (Advanced)
Prestige			DKNY / Juicy Couture	O'md
Better			LUCKY CHOUETTE / McGINN KNIGHTSBRIDGE	
Volume Better		PLASTIC ISLAND	SJ SJ / 자사 브랜드	
Volume	LEWITT THE TILBURY			
Budget	EBLIN			

| 브랜드 분석 | | 브랜드 소개 | 경쟁 브랜드 분석 | | STP 분석 | SWOT 분석 |

BRAND	LOGO	IMAGE	CONCEPT	LAUN CHING	TARGET	MARKETING
SOUP	ŚOUP Performance Feminism Fashion		미니멀한 감성, 절개와 칼라배색, 스포티브 / 클래식의 고급스러움과 캐쥬얼의 코디네이션. / 자연과 어우러진Classic	1999	Main Age Target 18세~22세 / Sub Age Target 16세~ 28세	SNS 네트워크를 이용한 마케팅. / 오프라인에서 커피전문점과의 코-마케팅이나 문화사업 후원.
2ME	2ME		"NEW YORK"의 세련된 커리어우먼 모티브 / 도시적인 감각의 합리적인 여성 정장 캐주얼	1997	Main Age Target 25세~29세 / Sub Age Target 20세~ 38세	정장수트, 세미정장, 단품자켓을 중심으로 크로스코디 제안. / 월별 머스트해브 전략상품 제시.
COIINCOS	COIINCOS COOP INTERACTION COSMO		미국의 컨템포러리한 모던 스타일리쉬 룩. / 런던의 유니크한 스트리트 패션. / 중독성강한 unique item과 mix&match	1991	Main Age Target 20세~30세 / Sub Age Target 20세~ 35세	현시대의 고객들이 원하는 모든 것들의 질서 정연한 조합. / 디자인&생산력이 뛰어난 국내브랜드를 6:3정도 비율로 구성.
TATE	TATE		고감도의 감성을 표현하는 Stylish Casual / 클래식과 모던의 진보적인 재해석을 통한 진화를 자유로운 믹스매치가 가능한 뉴룩 제안	1980	Main Age Target 18세~23세 / Sub Age Target 18세~ 33세	Creative한 디자인개발과 합리적인 가격. / 최상의 품질로 패션의 대중화를 이루어 고객중심의 상품기획, 생산, 마케팅 전개.

브랜드 분석				
	브랜드소개	경쟁브랜드	STP분석	SWOT분석
	르꼴레뜨	SJSJ	MINE	질바이 질스튜어트	매긴나잇브리지
Logo	le-colette by LYNN	SJSJ	MINE	JILL BY JILLSTUART	McGINN
Image					
Concept	Young한 감성을 바탕으로 심플하면서도 Wit 와 Fun 한 요소가 가미된 High-end Couture Casual	Young Artistic 의 캐쥬얼 버전으로 풀어내 아트적인 상상력과 섬세함을 갖춘 젊은 여성을 표현	아티스틱한 감성을 바탕으로 꾸띠르한 섬세함과 품격을 미니멀하게 풀어내는 여성스러움을 세련된 느낌으로 표현	"THE GIRL EVERY GIRL WANTS TO BE" A BEAUTIFUL BLEND OF VINTAGE, FEMINE PIECES WITH MODERN SENSIBILITY	vintage한 감성의 꾸뛰르적인, delicate한 디테일을 현대적인 감성으로 유니크하게 재해석하여 timeless한 아름다움을 제시
Target	20~40대	21~23세 대학생	20대 대학생	20~30대 여성	20대 후반 ~30대
Price	코트 50만원대 / 원피스 25~30만원대	코트 70만원대 / 원피스 30~40만원대	코트 92~185만원대 / 원피스 59~110만원대	코트 37~50만원대 / 원피스 10~30만원대	코트 21~50만원대 / 원피스 10~40만원대

경쟁 브랜드 분석 포트폴리오는 경쟁 업체를 4~5개 정도 선정한 후, 각 브랜드의 이미지와 컨셉, 타깃, 마케팅 전략 등을 정리, 비교, 분석하여 자사 브랜드 전략에 활용하기 위한 것이다.

2. STP 분석

기업의 마케팅 활동이 소비자 지향의 표적마케팅으로 변화하면서 브랜드의 마케팅 대상이 될 표적시장 설정을 위해 패션기업은 시장을 세분화하고 목표시장을 선정하여 목표시장별 포지셔닝과 마케팅 전략을 개발해야 하는데 이 과정은 STP 분석을 통해 이루어진다. 따라서 이러한 과정을 시장세분화(Market Segmentation), 시장표적(Market Targeting)화, 시장포지셔닝(Market Positioning)의 첫 글자를 따서 STP 분석이라 한다.

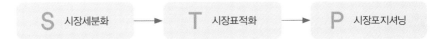

▌ STP 분석

브랜드의 마케팅 대상이 될 표적시장 설정을 위해 시장을 세분화하고 목표시장을 선정하여 목표시장별 포지셔닝과 마케팅 전략을 개발하는 과정이다.

• 시장세분화(Segmentation)　　　• 시장표적화(Targeting)　　　• 시장포지셔닝(Positioning)

1) 시장세분화 Segmentation

시장세분화는 전체 시장을 비슷한 시장끼리 나누는 것이다. 이때 시장을 나누는 기준을 시장세분화 기준이라 하며 일반적으로 지리적, 인구통계학적, 심리학적 특징을 기준으로 하는 분류와 소비자의 충성도, 사용량, 사용태도, 구매단계, 추구하는 편익이나 이미지 등 소비행동(행위적변수, 행동분석적변수)을 기준으로 하는 분류가 있다.

▌ 시장세분화의 개념

다양한 고객의 욕구와 특징으로 이루어진 전체시장을 일정한 기준에 따라 유사한 소비자 집단으로 세분화한 것이다.

(1) 시장세분화 기준

① 인구통계학적 기준

인구통계학적 기준은 연령, 성별, 소득, 직업, 교육 수준 등과 같은 변수를 이용한 분류기준으로 집단 간의 특성이 소비행동에 미치는 영향이 크고 비교적 측정이 용이하다는 점에서 일반적으로 많이 사용한다.

성별	남성			여성				남녀공용	
연령별	인펀트 0~2세	토들러 3~6	차일드 7~12	주니어 13~17	영 18~22	어덜트 23~27	미시 28~37	미세스 38 이상	실버미지스 50 이상
소득별	49만 원 이하		50~99	100~149	150~199	200~249	250~299	300 이상	
직업별	전문직	회사원	자영업	판매·서비스	학생	주부	교사·공무원	파트타임	기타
학력별	중졸		고졸	대재·중퇴		대졸	대학원졸		기타
계층별	하		하~중		중		중~상		상

표 18
인구통계학적 기준에 의한 세분화

② 심리학적 기준

상품과 소비자 간의 관계형태를 기준으로 시장을 세분화하는 심리학적 기준은 상품이나 브랜드에 대한 소비자의 충성도, 사용량, 사용태도, 구매단계, 추구하는 편익이나 이미지, 라이프스타일 등의 항목이 변수가 된다.

감성 이미지		로맨틱	엘레강스	소피스티 케이티드	모던	매니시	액티브	컨트리	에스닉
패션 이미지		엘레강스	페미닌	소프트	캐주얼	매니시	댄디	하드	클래식
패션 감각		컨서버티브		컨템퍼러리		트렌디		아방가르드	
감도		고			중			저	
패션 수용도		패션 선도자		패션 추종자		패션전기 수용자		패션후기 수용자	패션 무관심자
패션 마인드		주니어·영 마인드			어덜트·커리어 마인드			미시 마인드	
라이프 스타일	10대	소극적 타인지향형		낭만적인 미추구형		현대적 패션지향형		평범 무관심형	
	20대	전통적 평범형		지성적 단정지향형		타인의식적 패션지향형		과시적 감각지향형	
	30대	보수적 소극형		현대적 감각지향형		보편적 편이추구형		평범 무난형	
	40대	보수적 품위중시형			과시적 브랜드지향형			소극적 평범형	

표 19
심리학적 기준에 의한 세분화

③ 상품기획적 기준

패션기업에서 상품기획 단계에 필요한 구체적인 항목을 기준으로 시장을 세분화한 것을 상품기획적 분류라 하며 옷의 종류, 용도, 가격수준, 품질수준, 브랜드 특성 등으로 분류한다.

표 20
상품기획적 기준에
의한 세분화

아이템	CT	JK	JP	SH	BL	OP	TP	VT	SK	PT	KN	SW	TS
용도	포멀 웨어		비즈니스 웨어		타운 웨어		캐주얼 웨어		스포츠 웨어		레저 웨어	홈 웨어	
가격수준	Prestige		Better		Volume better		Volume			Budget			
품질수준	고				중				저				
브랜드 특성	내셔널 브랜드			디자이너 브랜드			캐릭터 브랜드			프라이빗 브랜드			

④ 유통구조적 기준

패션기업의 영업형태 및 점포의 소재유형과 소비자의 쇼핑지역 등에 따라 유통구조적 분류를 나눌 수 있으며 이와 함께 소비자의 거주지역, 지역의 크기, 기후, 인구밀도 등의 변수가 포함되기도 한다.

표 21
유통구조적 기준에
의한 세분화

영업별 형태	백화점	대형 마트	대리점	전문점	아울렛	편집 매장	재래 시장	인터넷 쇼핑몰	TV 홈쇼핑
쇼핑 지역	서울중심가	서울아파트 단지	서울 변두리		대도시 중심가		중소도시 중심가		지방

2) 시장표적화 Targeting

▌시장표적화의 개념

세분화한 시장 중 상품기획 및 마케팅의 주요 대상이 되는 소비자 집단을 선정하는 것이다.

(1) 시장세분화에 의한 시장표적화

다양한 시장세분화 기준을 통해 나눠진 각각의 소비자 집단 중 한 개의 집단 또는 몇 개의 세분화된 집단을 구체적인 대상으로 하여 자사의 상품 및 서비스 전략을 집중함으로써 기업은 효율적인 결과를 만들어낼 수 있다. 이때 선택된 집단을 표적시장이라 하며 이러한 과정을 시장표적화라 한다. 다음의 포트폴리오는 앞서 세분화한 시장을 함께 정리한 후 이중 표적화된 시장을 별색 표시한 것이다.

Market Targeting

시장세분화 기준에 의한 표적시장 설정

인구학적 요인	성별	남성			여성			남녀공용		
	연령별	인펀트 0~2세	토들러 3~6	차일드 7~12	주니어 13~17	영 18~22	어덜트 23~27	미시 28~37	미세스 38 이상	실버미지스 50 이상
	소득별	49만 원 이하	50~99	100~149	150~199	200~249	250~299	300 이상		
	직업별	전문직	회사원	자영업	판매·서비스	학생	주부	교사·공무원	파트타임	기타
	학력별	중졸		고졸	대재·중퇴		대졸	대학원졸		기타
	계층별	하		하~중		중		중~상		상

심리학적 요인	감성 이미지	로맨틱	엘레강스	소피스티케이티드	모던	매니시	액티브	컨트리	에스닉
	패션 이미지	엘레강스	페미닌	소프트	캐주얼	매니시	댄디	하드	클래식
	패션 감각	컨서버티브		컨템퍼러리		트렌디		아방가르드	
	감도	고		중			저		
	패션 수용도	패션 선도자		패션 추종자	패션전기 수용자		패션후기 수용자	패션 무관심자	
	패션 마인드	주니어·영 마인드			어덜트·커리어 마인드			미시 마인드	
	라이프 스타일 10대	소극적 타인지향형		낭만적인 미추구형		현대적 패션지향형		평범 무관심형	
	라이프 스타일 20대	전통적 평범형		지성적 단정지향형		타인의식적 패션지향형		과시적 감각지향형	
	라이프 스타일 30대	보수적 소극형		현대적 감각지향형		보편적 편이추구형		평범 무난형	
	라이프 스타일 40대	보수적 품위중시형		과시적 브랜드지향형			소극적 평범형		

상품기획적 요인	아이템	CT	JK	JP	SH	BL	OP	TP	VT	SK	PT	KN	SW	TS
	용도	포멀 웨어		비즈니스 웨어	타운 웨어		캐주얼 웨어	스포츠 웨어	레저 웨어	홈 웨어				
	가격수준	Prestige		Better		Volume better		Volume		Budget				
	품질수준	고			중			저						
	브랜드 특성	내셔널 브랜드		디자이너 브랜드		캐릭터 브랜드		프라이빗 브랜드						

유통구조적 요인	영업별 형태	백화점	대형 마트	대리점	전문점	아울렛	편집 매장	재래 시장	인터넷 쇼핑몰	TV 홈쇼핑
	쇼핑 지역	서울중심가		서울아파트 단지	서울 변두리		대도시 중심가	중소도시 중심가	지방	

(2) 라이프스타일에 의한 시장 표적화

① 라이프스타일별 분류

동일한 세분시장에 속한 소비자라도 라이프스타일이나 개성, 가치관 등에 따라 서로 다른 심리적 특징을 갖는 경우가 많다. 이를 기준으로 분류한 것을 라이프스타일별 분류라 하며 주로 사람들의 활동(Activity), 관심(Interest), 의견(Opinion)에 의해 라이프스타일이 달라진다는 점을 변수로 하는 AIO 분석이 일반적으로 이용된다(표 22 참조).

다음 그림과 표는 소비자의 생활패턴과 라이프스타일이 다양하게 변화함에 따라 21세기에 새로 등장한 소비자 집단을 분류한 것이다.

표 22
AIO 분석에 쓰이는
주요 변수들
자료: 고은주 외, 2008:129

활동(Activity)	관심(Interest)	의견(Opinion)
소비자의 주요 활동, 시간소비 경향이나 구매경향	소비자가 중요시하는 것과 지속적인 관심사	소비자의 신념이나 현실에 대한 평가, 해석
일	가족	자기 자신에 대한 의견
취미생활	가정	사회적 관심사
사회활동	직업	정치
휴가	지역사회	경제
오락	여가활동	사업
클럽활동	유행	교육
지역 사회활동	음식	상품
쇼핑	대중매체	미래
스포츠	업적달성	문화

그림 37
라이프스타일별 분류

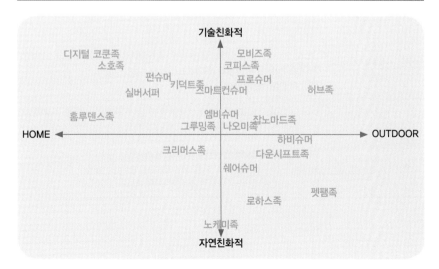

소비자 집단	특징
그루밍족 (Grooming)	여성의 뷰티(beauty)에 해당하는 남성의 미용 용어이다. 마부(groom)가 말을 빗질하고 목욕을 시켜주는 데서 유래했으며, 미용과 패션에 아낌없이 투자하는 남자들을 가리킨다.
나오미족	'Not Old Image'의 준말로, 안정된 경제력을 바탕으로 젊은 라이프스타일을 즐기는 30~40대 여성을 가리키는 말이다.
노케미족 (No-Chemi)	화학제품에 대한 불신으로 이러한 제품 구매를 거부하고 친자연적 소비를 지향하는 소비자 그룹이다.
다운시프트족 (Downshift)	다운시프트는 본래 '자동차를 운전할 때 저속기어로 바꾼다'는 뜻으로, 고소득을 위해 빡빡한 근무시간과 회사 내 승진전쟁에 뛰어들기보다는 비록 저소득일지라도 하고 싶은 일을 하며 느긋하게 살기 원하는 사람들을 가리키는 말이다.
디지털 코쿤족 (Digital Cocoon)	스마트폰 시대에는 개인이 디지털기기와 통신망을 통해 자신만의 공간에서 모든 문제를 해결하는 게 가능해졌다. 이렇게 혼자서도 모든 일을 잘 해결할 수 있는 사람들을 일컬으며 대학가를 중심으로 최근 확산되고 있다. 이들은 스마트폰을 통해 공부, 일, 놀이를 모두 해결한다.
로하스족 (Lohas)	Lifestyles of Health and Sustainability. '잘 먹고 잘 살자'라는 관점을 개인에서 환경으로 확대해 사회의 지속 가능한 발전을 추구하는 사람들의 삶의 방식이다.
메트로섹슈얼족 (Metro sexual)	자신의 남성성을 포기하지 않으면서도 여성 못지않게 외모에 신경을 쓰고, 패션에 관심을 가지고 있는 남성을 일컫는 말이다.
모디슈머 (Modisumer)	Modify+Consumer의 줄임말로 제품의 제조업체가 제시하는 방식에서 벗어나 자신만의 방식 새로운 방식으로 제품을 활용, 체험하는 응용 소비자 그룹으로 짜파구리 등을 예로 들 수 있으며, 튜닝족 또는 메타슈머(Metasumer)라고도 한다.
모비즈족 (Mobiz)	Mobile Business. 휴대전화 하나만으로 인터넷에 접속, 이동 중에도 자신이 원하는 물품을 구입하거나 필요한 정보를 찾아내며 취미생활을 즐기는 사람들이다.
소호족 (SOHO)	'Small Office Home Office'의 줄임말. 자신의 방이나 집안의 창고, 주차장 등 기존 사무실의 개념을 벗어나는 공간 내에서 이루어지는 사업을 하는 개인 자영업자들을 뜻한다.
쉐어슈머 (Share-Sumer)	Share+Consumer의 줄임말로 소비자로, 제품 판매금의 일부를 기부나 나눔으로 실천하는 착한제품을 구매, 간접적 기부를 나누는 소비자 그룹이다.
스마슈머 (Smart-Sumer)	Smart+Consumer의 줄임말로 똑똑한 소비자라는 뜻의 스마트컨슈머라고 불리던 단어의 줄임말이다. 제품 구입 전 꼼꼼한 정보 습득과 구입 후 솔직한 후기와 정보 등을 공유하는 소비자 그룹이다.

표 23
21세기 라이프스타일에 의한 새로운 소비자 집단 분류

소비자 집단	특징
실버서퍼 (Silver Surfer)	인터넷이나 스마트 기기를 능숙하게 활용하는 디지털 친화 노년층을 이르는 말이다.
앰비슈머 (Ambisumer)	양면성(ambivalent)과 소비자(consumer)의 합성어로 자신이 가치를 두는 우선순위의 것에는 돈을 아끼지 않지만 후순위에 있는 것에는 최대한 돈을 아끼는 소비자를 말한다.
잡노마드족 (Job-Nomad)	직업(job)을 따라 유랑하는 유목민(nomad)이라는 뜻의 신조어이다.
코피스족 (Coffice)	'coffee+office'의 합성어로, 코피스족은 사무실이나 집이 아닌 커피전문점을 업무장소로 활용하는 직장인들을 일컫는 신조어다.
크리머스 (Creamerce)	Creative+E·Commerce의 줄임말로 MZ세대를 중심으로 한 두 가지의 장점에 의한 쇼핑이 아닌, 스토리가 있는 콘텐츠를 통한 쇼핑을 지향하는 소비자 그룹니다.
키덜트족 (Kidult)	키덜트란 말은 아이를 의미하는 영어 '키드(kid)'와 성인을 의미하는 영어 '어덜트(adult)'의 합성어로, 어린이 문화를 즐기고 소비하는 성인 집단을 가리키는 말이다.
펀슈머 (Funsumer)	Fun+Consumer의 줄임말로 가격대비 재미를 추구하며 이를 다양한 SNS를 통해 공유하며 자발적이고 적극적인 소비를 하는 소비자 그룹이다.
펫팸족 (Petfam)	Pet+Family에서 파생된 말로 반려동물을 가족처럼 생각하고 아끼는 마음으로 반려동물을 위한 소비를 하는 이들을 말한다.
프로슈머족 (Prosumer)	Producer+Consumer라는 생산자와 소비자의 합성어로 제품의 생산과정에 적극적으로 참여하여 의사표현을 통해 더 나은 제품이 생산되는 데 조력하고자 하는 참여형 소비자 그룹이다.
하비슈머 (Hobbysumer)	Hobby+Consumer의 줄임말로 사회 환경 변화와 함께, 일과 생활에 대한 균형과 나만의 시간에 의미를 두며 취미활동을 위한 소비를 하는 소비자 그룹이다.
허브족 (Hub)	이질적인 문화를 쉽게 수용하면서 취미나 가치관을 매개로 대인 관계의 폭을 확장하는 사람들을 가리킨다. 좁은 의미로는 유용한 정보를 공유하면서 인간관계를 넓혀 나가는 사람들을 의미하기도 한다.
홈루덴스족 (Home-Ludens)	놀이하는 인간이라는 뜻의 호모루덴스에서 파생된 말로 그중, Home과 놀이나 유희를 의미하는 Ludens가 더해져 자신의 주거공간에서 여가를 즐기는 이들을 가리키는 말.

② 시장표적화를 위한 소비자리서치 스타일 분석

가상의 인물을 설정하여 라이프스타일의 분류별로 그 인물에 해당되는 기준을 선택, 한 사람의 라이프스타일을 구체적으로 만들어보는 시장표적화 방법이다. 항목별 해당 내용의 정리와 함께 라이프스타일맵이 함께 제시되기도 한다.

기준	내용	기준	내용
이름	Jessica Lee	거주지	서울
		주활동 지역	서울 청담동, 홍대
		여가활동	자전거, 요가, 쇼핑
		주요 관심사	트렌드, 심리학, 자격증
		패션 이미지	소피스티케이티드, 모던
		테이스트 레벨	트렌디, 컨템퍼러리
		패션 감도	고감도
		패션 수용도	패션선도자
성별	여성	패션 마인드	영마인드~어덜트커리어
나이	28세	좋아하는 브랜드	TOPSHOP, H&M, SJ
학력	대학교 졸업	추구 혜택	유행성, 실용성
직업	패션디자이너	상표충성도	보통
소득 수준	연봉 2,700만 원	쇼핑 지역	전문점, 편집매장, 재래시장, 인터넷 쇼핑몰

표 24
라이프스타일에 의한 시장표적화의 예시

그림 38 라이프스타일맵의 예시

3) 브랜드 포지셔닝 Positioning

▌ 브랜드 포지셔닝의 개념

경쟁기업들과 효과적으로 경쟁하기 위하여 자사의 브랜드가 추구하는 유사시장 내 명확하고 경쟁력 있는 위치를 결정하는 과정이다.

브랜드 포지셔닝은 시장세분화 전략 분석을 통해 표적화한 타깃 시장 중 어느 위치에 자사의 브랜드를 놓을 것인지 결정하는 과정이며, 자사의 상품이 어떠한 경쟁브랜드와 컨셉과 가격 면에서 차이가 있고 유사한지 소비자가 인식하는 상대적인 위치를 의미한다. 타사의 브랜드들이 점유하고 있지 않은 틈새시장(Niche Market)을 찾아내 이곳을 자사의 표적시장으로 설정하고, 이와 함께 적절한 상품기획과 마케팅을 통해 소비자에게 자사 브랜드의 위치를 명확히 알려야 성공적인 브랜드 포지셔닝이라 할 수 있다.

그림 39
'자사'의 브랜드 포지셔닝 방법

Price \ Age	Young /10	15	20	25	30	35	40	Adult /45
Prestige				*Obzéé* TIME MICHAA KUHO		LANVIN		
Better		자사 브랜드	MINE	MOGG				
Volume Better			JILL	IZZAT BABA				
Volume			:: codes combine					
Budget		*Papaya*	sweetSOUP	JESSI			anthem Olivia Hassler	MONTINI

가격과 패션수용도

가격 \ 패션수용도	Conservative (Established)	Contemporary (New-Established)	Trendy (Up-To-Date)	Avant-garde (Advanced)
Prestige				
Better				
Volume Better		■		
Volume				
Budget				

연령과 가격

가격 \ 연령	Junior	Young	Young Adult	Missy	Mrs
Prestige					
Better					
Volume Better		■			
Volume					
Budget					

연령과 용도

가격 \ 용도	Official	Social	Private
Mrs			
Missy	■		
Young Adult			
Young			
Junior			

감각과 가격

High Price

KUHO
TIME
Ozéé
자사 브랜드 ■ MOGG
MINE

Basic ——————— Trendy

SJ SJ

McGINN KNIGHTSBRIDGE

Low Price

Fashion Image

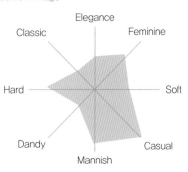

Elegance
Classic — Feminine
Hard — Soft
Dandy — Casual
Mannish

Fashion Trend Image

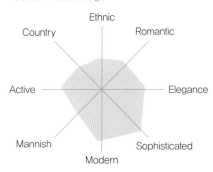

Ethnic
Country — Romantic
Active — Elegance
Mannish — Sophisticated
Modern

브랜드 포지셔닝을 위해 가격과 패션수용도, 연령, 가격, 용도, 패션트렌드 이미지와 패션 이미지를 기준으로 브랜드가 추구하는 위치를 표시하여 자사의 포지셔닝을 시각적으로 명확히 하기 위한 맵이다.

CHAPTER 03
브랜드 전략 설정

BRAND MARKETING STRATEGY

1. SWOT 분석

▌ SWOT 분석

기업의 환경 분석을 통해 강점(Strength)과 약점(Weakness), 기회(Opportunity)와 위협(Threat) 요인을 파악하고 이를 바탕으로 마케팅 전략을 수립하는 기법이다.

강점(Strength)과 약점(Weakness), 기회(Opportunity)와 위협(Threat)의 4요소에서 출발하는 SWOT 분석은, 경쟁기업과 비교했을 때 자사의 강점과 약점으로 인식되는 것은 무엇인지, 내부적으로 분석하는 것과 자사 밖 외부환경에서 기회가 되거나 위기가 되는 위협요인은 무엇인지를 찾아내 강점과 기회는 잘 적극 활용하고 약점과 위기는 억제하는 효과적인 전략을 수립하기 위한 과정이다.

그림 40 SWOT 분석의 구조

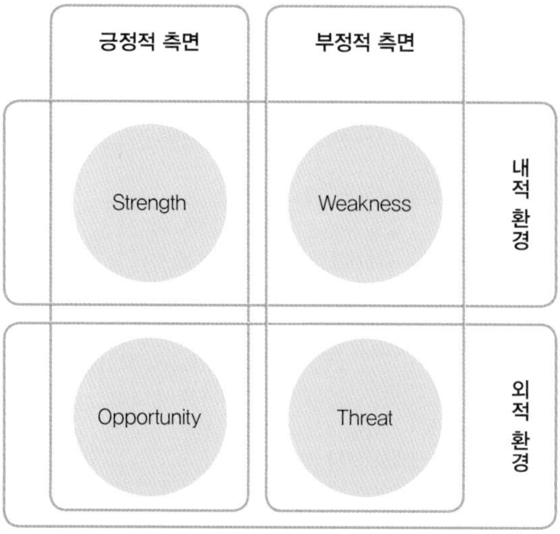

	긍정적 측면	부정적 측면	
	Strength	Weakness	내적 환경
	Opportunity	Threat	외적 환경

① 강점 Strength

강점은 자사 내부요인 중 가장 큰 장점으로 인정되는 부분을 의미한다.

ex 뛰어난 기술력, 충분한 자본금과 인력, 저렴한 상품가격, 재미있는 컨셉 등

② 기회 Opportunity

외적 환경에서 기대되는 움직임으로 동일한 외적 환경도 기업에 따라 기회 또는 위협으로 전환될 수 있다.

ex 달러 약세, 수입관세 철폐, 법인세 인하, 친환경의식 확대, 소비양극화, 스포츠 붐 등

③ 약점 Weakness

가장 부족하다 판단되는 내부적 요인으로 기회요인을 통한 전략을 수립한다.

ex 경험 부족, 신규브랜드의 낮은 인지도, 한정된 매니아층 등

④ 위협 Threat

외적 환경의 상황 및 변화가 자사에 불리하게 작용하는 요소를 의미한다.

ex 경기침체로 인한 소비위축, 청년실업, 무더운 가을, SPA 브랜드의 시장장악 등

SWOT 분석에 따른 전략

- SO 전략(강점–기회 전략): 시장의 기회를 활용하기 위해 강점을 사용하는 전략
- ST 전략(강점–위협 전략): 시장의 위협을 회피하기 위해 강점을 사용하는 전략
- WO 전략(약점–기회 전략): 약점을 극복함으로써 시장의 기회를 활용하는 전략
- WT 전략(약점–위협 전략): 시장의 위협을 회피하고 약점을 최소화하는 전략

내적 환경 외적 환경	Strength 멀티기능 디자인의 독창성	Weakness 대중화되지 않은 영역
Opportunity	SO 전략	WO 전략
멀티기능의 제품선호 경향	멀티기능에 패션성을 강조, 멀티기능제품 선호 소비자를 중심으로 한 마케팅	멀티이슈의 기사화로 대중적으로 접근, 연예인협찬 진행
Threat	ST 전략	WT 전략
경기침체로 인한 소비위축	멀티기능이 표현하는 디자이너 감성을 강조, 기존 디자이너 브랜드보다 낮은 가격대	멀티기능으로 인한 다양한 코디네이션이 가능한 합리성 강조

표 25 SWOT 전략의 예

브랜드 분석

| 브랜드소개 | 경쟁브랜드분석 | STP분석 | SWOT분석 |

Strength	**Weakness**	**Opportunity**	**Threat**
글로벌 브랜드화를 목표로 독창적이고 차별화된 제품 기획, 디자인, 생산라인, 전략적 마케팅, 기획팀 등을 별도 구성	매장 CS의 고객 응대 미약 환불 규정과 관련 소비자의 권리 존중 및 의식 제고에 대한 CS교육 부족	고급화 전략과 대조되는 중저가 상품의 대량판매 증가 빠른 유행의 변화와 회전이 짧은 상품을 선호하는 젊은 층의 소비경향	글로벌 SPA 브랜드 공세 강화와 컨템포러리 감성의 매스밸류 인기 판매수수료 상한제 도입 및 유통 구조 특별위원회 등장.

내부환경 → **SWOT 분석** ← 외부환경

[S-O] **강점-기회 전략**	**[W-O]** **약점-기회 전략**	**[S-T]** **강점-위협 전략**	**[W-T]** **약점-위협 전략**
기획팀과 디자인팀 별도 구성을 바탕으로 한 기획력을 중심으로 트렌디하고 대중의 기호에 맞는 디자인 기획에 집중 투자.	브랜드에 대중성을 높이기 위한 고객서비스 지원팀 별도 구성 VIP고객 대상 T.P.O 코디 제안 및 개인 퍼스널 쇼퍼 서비스 제공	한정판 스페셜 에디션 마케팅과 셀러브리티 협찬 홍보 마케팅을 적극 활용하여 디자이너와의 콜라보레이션 라인 확대.	글로벌 SPA 브랜드와의 차별화된 신속하고 친근한 고객관리와 마케팅을 통한 국내 브랜드만의 마케팅 문화 확립.

| 브랜드 분석 | 브랜드 소개 | 경쟁브랜드 분석 | STP분석 | SWOT 분석 |

Strength

사내 패션정보 팀의 발빠른 트렌드 정보 제공 가능.

전략적 TF팀의 철저한 시장테스트를 통해 런칭한 니치마켓 브랜드 전략.

동남아 유통시장 확대 계획을 통한 글로벌화 가능

Weakness

자사의 독립 생산라인 부족으로 유행을 즉각적으로 반영한 상품의 신속한 생산, 공급이 어려움.

20대 초반 위주의 디자인에서 20대 후반의 커리어우먼을 대상으로 하는 타겟 변화에 따른 기획 경험 부족.

Opportunity

합리적인 가격대로와 고퀄리티의 유행상품을 찾는 소비자층의 증가.

과거에 비해 사회초년생부터 골드레이디까지 폭넓은 연령대의 커리어우먼 시장 확대.

Threat

유사 컨셉의 경쟁브랜드 다수 존재.

경제침체로 인한 의류소비시장의 위축.

SNS등의 네트워크를 통해 보다 다양하고 까다로와진 소비자.

Suggestion

고객과 직접적으로 소통할 수 있는 공간이 많으므로 소셜네트워크의 공간을 잘 활용하는 기회를 전략으로 삼는다. 베이직상품군을 유지하면서도 트렌드를 반영한 뉴베이직 상품군의 비율을 높여 다양한 소비층의 확대를 유도한다.

기업의 환경 분석을 내적, 외적 환경과 긍정적, 부정적 측면의 강점, 약점, 기회, 위협으로 나누어 파악한 후, 이를 극복하기 위한 전략을 수립하여 정리한다.

2. 4P's Mix 전략을 통한 브랜드 차별화

▌ 4P's Mix 전략

브랜드 전략에서 가장 중요한 도구인 상품(Product), 가격(Price), 유통(Place), 촉진(Promotion)의 4가지 요소의 첫 글자를 모아 4P's라고 하고, 이들의 기본방향을 설정하는 전략이다.

SWOT 분석을 통해 기본전략이 수립되면 이에 적합한 상품을 합리적인 가격으로 생산하여 효율적인 유통과 촉진을 통해 시장에 선보이게 되는데 이때 필요한 전략을 머천다이징 컨셉 전략 또는 4P's Mix 전략이라 한다. 4P's Mix 전략은 마케팅 요소 중 가장 중요한 상품(Product), 가격(Price), 유통(Place), 촉진(Promotion)의 4가지 요소로 구성되며, 각각의 요소별로 타 브랜드와 차별화할 수 있는 전략을 수립하는 것이 필수적이다.

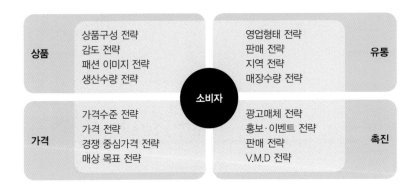

그림 41 4P's Mix 전략

1) 상품 Product

▌ 상품

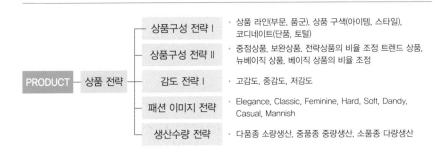

브랜드 전략에서의 상품은 표적화된 고객의 필요와 욕구를 브랜드 컨셉과 마케팅 환경에 맞게 개발, 생산해내는 구체적인 결과물을 의미한다. 상품 전략은 4P's Mix 중 가장 중요한 요소로 타사의 상품 전략과 차별화할 수 있는 상품의 강점 개발 및 기획 과정이다.

(1) 상품구성 전략

상품구성은 판매 전략상 중점상품, 보완상품, 전략상품으로 나누며 적절한 비율의 전략을 세워 생산한다.

표 26
판매 전략상의 상품구성

구분	구성비율(%)		특성
	품목 수	매출 구성비	
중점 상품	20~30	40~50	• 매상과 이익 확보에 중요한, 유행을 타지 않는 고회전 상품 • 중간 가격선을 유지하며, 집중적인 관리를 하는 상품 그룹
보완 상품	20	20~30	• 중점상품을 보완하는 상품 • 표준스타일, 표준사이즈 등에서 벗어난 특수고객, 특수수요를 위한 상품 그룹
전략 상품	40~50	20~30	• 판매를 위한 상품이라기보다는 브랜드, 매장의 수준향상을 목적으로 하는 보여주기 위한 점격향상 상품(Prestige Stock) 그룹 • 초저가의 판매촉진 상품도 포함되나 고가의 고급품, 참신한 디자인, 신상품, 계절상품, 미래지향상품 등 그 상점의 고객임에 자부심을 느끼게 하고 찾아가는 즐거움을 유도하는 상품 그룹

(2) 패션 수용도에 따른 상품구성

상품은 패션 수용도에 따라 트렌드 상품, 뉴베이직 상품, 베이직 상품으로 구분하며 브랜드 특성에 따라 전략적 비율을 설정하여 생산한다.

표 27
판매 수용도에 따른 상품구성

구분	특성
트렌드(Trend) 상품	새로운 유행경향이 가장 빠르게, 많이 적용된 유행지향적 상품군으로 매출보다는 브랜드 이미지를 유지하기 위하여 보여주는 상품
뉴베이직(New Basic) 상품	지난 시즌의 트렌드를 반영하거나 베이직한 디자인에 약간의 트렌드를 가미한 상품군으로 새로운 유행경향을 소비자들이 받아들이기 쉽게 조절한 상품
베이직(Basic) 상품	누구나 기본적으로 갖추고 있는 상품으로 트렌드와 무관한 가장 기본적인 디자인의 상품

(3) 감도 전략

	고감도	고중감도	중감도	저중감도	저감도
JK	■	■			
JP		■			
CT	■	■			
YS		■	■		
SH/BL			■	■	
KNIT		■	■		
VT		■	■		
PT			■	■	■
SK			■	■	
JN(Jean)	■	■			
LT(Leather)	■	■			

(4) 상품의 차별화 전략

상품의 감도 및 구성, 패션 이미지 전략 외에도 자사의 강점을 이용하여 품질, 디자인, 서비스 등의 요소를 통해 타사 상품과의 차별화를 만들어 낼 전략적인 기획이 필요하며 이때 차별화 전략은 특정한 시즌을 대상으로 하거나 브랜드 전체의 상품 전략으로 활용될 수도 있다.

그림 42
상품차별화 전략의 예

상품구성의 넓이와 깊이, 폭의 변화를 통한 전략
상품구성 아이템의 종류를 넓거나 좁게 조정하거나, 특정 아이템만으로 구성하는 등의 전략
ex) • 빈폴의 아웃도어 카테고리 전문 브랜드 '빈폴 아웃도어' • 패션 언더웨어 시장을 연 '제임스 딘'

자료: www.beanpole.com/outdoor

소비자의 기호와 욕구를 만족시키는 특정 상품의 출시 전략
ex) • 러시아에서 분홍색의 금제품을 출시한 '로만손' • 드라마 속 유행의상에 맞춘 기획상품

ROMANSON

자료: www.romanson.com

패션 이미지의 변화 및 다양한 믹스를 통한 전략
ex) • 국내 브랜드 오즈세컨과 콜라보레이션을 진행한 유니클로 • 유명 디자이너 또는 셀러브리티와의 콜라보레이션을 통한 이미지 차별화를 시도하는 'H&M'

UNIQLO × O'2nd
밴드 포인트의 유니크한 롱피스
Little Band Dress

자료: www.uniqlo.kr

2) 가격 Price

| 가격

그림 43 판매 가격의 결정

가격이란 소비자가 제품 또는 서비스를 구매하기 위해 지불하는 가치를 의미하며 머천다이징 단계에서의 가격정책은 제품원가, 소비자가격, 할인판매 가격 등으로 구분된다. 패션상품의 경우 부가가치가 높은 상품으로 제품원가 외에도 패션사이클, 브랜드의 이미지나 인지도, 판매방법 등에 따라 최종 소비자가가 크게 달라진다.

(1) 가격 전략 수립 시 고려할 점

가격 전략은 기업의 목표에 의해 결정된다. 고가 정책, 단기이익의 극대화, 시장점유율 극대화 등 기업이 추구하는 목표와 포지션을 결정한 후 가격 전략을 선택한다.

그 다음 가격과 수요의 역방향 관계를 고려하여 수요를 결정하고, 원가의 하한선과 가격의 상한선을 정하여 적정이익이 보장되는 가격을 결정한다.

이렇게 결정된 원가와 가격은 경쟁사의 원가, 가격, 그리고 경쟁사와 차별화할 만한 특성의 가치를 가감하여 가격을 결정해야 한다.

(2) 가격 결정 방법

- 원가가산법(마진율 가격법)
- 가치가격 결정법
- 경쟁사 모방가격 결정법
- 목표수익률 가격법
- 할인판매 가격법

① 원가플러스법(마진율 가격법)

일반적으로 가장 많이 사용하는 방법으로 제품원가에 표준이익을 더하여 가격을 산정한다. 제품원가는 샘플제작을 통한 1차 계산(원·부자재 비용 + 임가공비)분이며, 이때 표준이익을 마진(margin)이라고 한다. 회전율이 낮거나 관리비용이 높은 품목일수록 마진율이 높다.

② 목표수익률 가격법

먼저 목표수익률(ROI: Return on Investment)을 정한 후 원가에 목표수익을 달성하기 위한 판매가격을 산정하는 방법이다. 이 경우 경쟁사와의 제품차별화가 이뤄지지 않으면 가격경쟁에서 뒤쳐질 수 있는 위험이 있다.

③ 가치가격 결정법

고객이 인지하는 가격과 제품의 품질에 비해 다소 낮은 가격을 책정하여 고객을 모으는 방법으로 SPA 브랜드와 같이 다품종의 제품이 빠르게 전개되어 빠른 재구매를 유도하거나 생산 과정에서의 원가절감 프로세스를 통해 손실을 최소화하는 시스템이 먼저 구축되어야 한다.

④ 할인판매 가격법

다음 시즌을 위해 상품 회전율을 높이고 재고를 정리하기 위한 전략이다.

- 가격 인하: 세일 기간이나 대량판매 시 할인, 현금 할인, 계절 할인 등
- 판촉 할인: 고객 유치를 위한 이벤트, 유도상품의 저마진 정책 등
- 차별적 할인: 학생 할인, 경로별 차별 할인, 주말 할인, 타임 세일 등

⑤ 경쟁사 모방가격 결정법

브랜드 포지셔닝에서의 경쟁사 가격을 기준으로 유사한 가격을 책정하는 방법으로 시장에 처음 접근하는 브랜드의 경우 기존의 브랜드와 그룹화가 될 수 있는 장점이 있으나 경쟁사의 제품생산 비용과 유사하게 맞추지 못하는 경우 가격손실을 초래할 수 있다.

- 상대적 고가격 전략: 경쟁제품보다 높은 가격을 책정하는 전략으로 자사 브랜드 및 제품의 인지도 및 선호도가 높거나, 제품이 사회적 지위나 건강, 아름다움 등의 상징적 의미를 많이 갖는 고가품, 전문품, 보석, 화장품 등과 같은 제품에 사용하는 전략이다.
- 대등가격 전략: 경쟁사와 비슷한 수준의 가격전략으로, 제품에 있어 4P's mix 중 가격보다는 제품, 판촉 등의 다른 요소들이 중요한 역할을 할 수 있을 때 사용한다.
- 상대적 저가격 전략: 경쟁사보다 낮은 가격으로 시장점유율을 높이는 전략으로 가격에 민감한 소비자, 경쟁기업이 많을 때 사용한다.

⑥ 소비자 중심가격 산정법

소비자가 지각하는 제품의 가치에 맞춰 가격을 결정하는 방법으로, 표적시장 소비자에게 충분한 가치가 제공된 경우 사용한다.

• 최종 소비자가:
제품원가 + 유통 및 재고비용 + 제반 수수료 + 세금 및 기타 비용 + 회사마진 + 부가가치

그림 44
가격 차별화 전략의 예

저가격 또는 고가격 라인의 상품군을 추가하는 전략	
ex) • 오브제, 오즈세컨과 같이 브랜드의 타깃 및 가격변화를 전략으로 한 세컨브랜드 정책 • 버버리, 버버리 블루라벨(저가격 라인) 등과 같이 브랜드 내에 다른 가격존의 라인을 추가 하는 경우	O'2nd 자료: www.obzee.com, www.o2nd.co.kr
가격할인 정책	
ex) • 유니클로의 일정기간 동안의 가격할인 정책 • 상품회전이 빠른 SPA 브랜드의 초두상품 가격할인 진행 • 백화점의 정기 세일	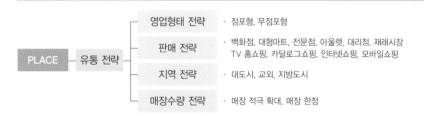 자료: www.uniqlo.kr
특정 대상의 가격할인 정책	
VIP 또는 단골 고객을 대상으로 한 가격할인 또는 적립제도 등의 정책 ex) 브랜드 VIP고객 대상 패밀리 세일 또는 샘플 세일 등	FAMILY SALE 자료: www.11st.co.kr

3) 유통 Place

▌유통

PLACE ─ 유통 전략 ─
- 영업형태 전략 · 점포형, 무점포형
- 판매 전략 · 백화점, 대형마트, 전문점, 아울렛, 대리점, 재래시장 TV 홈쇼핑, 카달로그쇼핑, 인터넷쇼핑, 모바일쇼핑
- 지역 전략 · 대도시, 교외, 지방도시
- 매장수량 전략 · 매장 적극 확대, 매장 한정

그림 45
점포형 및 무점포형 영업형태
자료: (좌) 신세계 백화점 본점, 이데일리, 2021년 12월
(우) 신세계백화점의 인터넷쇼핑몰

그림 46
소비재의 유통경로 유형
자료: 박혜선, 2007:137

(1) | 제조업자 | → | 도매상 | → | 배급업자 | → | 소매상 | → | 소비자 |

의류제조업자와 도매상의 경로 후 소매상이 배급업자로부터 상품을 공급받는 경우로
쉽게 도매상에 접근할 수 없는 소매상이 이용하는 유형이다.

(2) | 제조업자 | → | 도매상 | → | 소매상 | → | 소비자 |

동대문과 같은 재래시장이나 로드샵 형태의 매장이 해당되는 유형으로
제조업자의 상품을 도매상이 구입하여 소매상을 통해 소비자에게 판매하는 유형이다.

(3) | 제조업자 | → | 소매상 | → | 소비자 |

국내 패션유통의 가장 일반적인 구조로 백화점이나 할인점, 인터넷쇼핑몰 등의
소매업의 형태에 해당되며, 신상품 전개가 빠르게 진행될 수 있는 장점이 있다.

(4) | 제조업자 | → | 소비자 |

백화점, 대형마트의 PB 브랜드나 SPA 브랜드와 같이 제조업자가 직접 판매를
진행하는 형태로, 가장 짧은 유통구조를 가지며 가격적인 장점이 큰 구조이다.

▌ 2000년대 이후 유통업태별 변화

- **백화점** －소비자 선호도 및 매출에 의한 브랜드 교체 활발
  －점포 내 다양한 업태 전개
- **전문점** －SPA 브랜+엔터테인먼트의 Mix, 대형 쇼핑몰화
- **대형마트** －PB 상품 증가 및 업그레이드
- **아울렛** －해외 유명 아울렛브랜드의 국내 진출 증가
- **대리점** －가두점의 쇠퇴→전문점, 편집매장, 할인점으로 변화
- **편집매장** －카테고리 킬러화
  －대형 쇼핑몰 및 백화점 내 입점
- **재래시장** －쇼핑 편의를 돕는 대형 쇼핑몰 구조로 변화
- **인터넷 쇼핑몰** －마켓 플레이스와 카테고리 킬러의 양극화
  －신세대 디자이너와의 PB 브랜드 런칭 및 입점 유치
- **모바일쇼핑** －스마트폰이나 태블릿 PC에서 전용 애플리케이션 등을 이용하여 이동 중
  에도 시간과 장소에 구애받지 않고 상품을 검색하거나 구매
- **TV 홈쇼핑** －PB 브랜드의 고급화
  －신세대 디자이너·유명 연예인과 협업을 통한 PB 브랜드 런칭
- **라이브커머스** －실시간 동영상 스트리밍 판매
  －비대면 비접촉을 추구하는 언택트 경제가 부상하면서 활발하게 활용
  －소비자의 즉각적인 반응에 판매자가 정보를 제공하거나 판매량 확인 가능

유통은 생산된 패션상품이나 서비스가 소비자에게 이동하는 과정을 의미하며 유통 과정을 통해 적합한 시기에 생산과 소비가 연결된다. 패션상품의 유통경로는 일반적으로 의류제조업→(도매업)→소매업→소비자로 이루어지며, 심리적 부가가치가 크게 작용하는 제품의 특성상 상품의 가치와 이미지를 고려한 유통채널의 선정이 필요하다.

그림 47
2020/2021 상반기 업태별 매출구성비
자료: 산업통상자원부, 2021년 7월

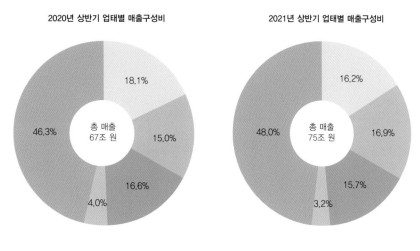

한국의 전자상거래

한국은 인구의 92%에 가까운 인터넷 사용률을 가진 전 세계에서 가장 큰 전자 상거래 시장 중 하나로, 40세 미만의 사람들은 주로 온라인 쇼핑을 이용하며 20~39세의 한국인 중 94% 이상이 온라인 쇼핑을 사용했다.

2020년 매출 기준 주요 온라인 쇼핑 카테고리는 음식과 음료, 가전제품이었으며, 집에서 보내는 시간의 증가와 여행 제한으로 인해 온라인 여행 준비 및 예약 서비스 비용이 전년도에 비해 크게 감소했다. 지난해 온라인 쇼핑몰에서는 의류, 신발, 스포츠 용품, 액세서리 등의 품목이 가장 많은 판매 비중을 자치했다.

2020년 대한민국 대표 상품 카테고리의 온라인 쇼핑 거래액 (단위: 십억 원)

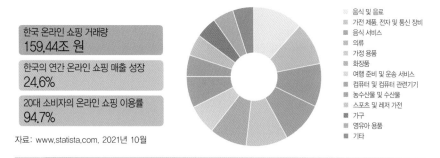

자료: www.statista.com, 2021년 10월

통계청에서 발표한 2021년 8월 온라인쇼핑 동향에 따르면, 온라인몰의 거래액은 11조 9,818억 원으로 전년 동월 대비 20.8% 증가하고, 총 거래액 중 모바일쇼핑 비중은 72.7%로 전년 동월 대비 3.6%p 상승했다.

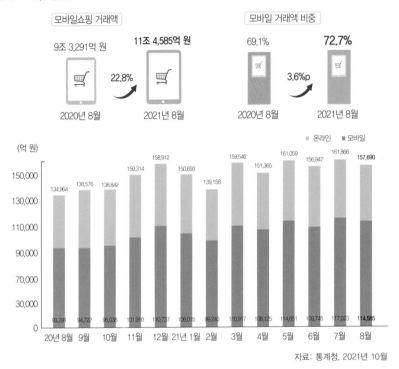

모바일쇼핑 거래액		모바일 거래액 비중	
9조 3,291억 원	11조 4,585억 원	69.1%	72.7%
22.8%		3.6%p	
2020년 8월	2021년 8월	2020년 8월	2021년 8월

(억 원)

■ 온라인 ■ 모바일

자료: 통계청, 2021년 10월

	고유의 유통채널을 벗어난 유통채널의 확대		그림 48
	ex) 이마트에 입점한 디자이너 브랜드 최범석의 'W.Dressroom'	자료: www.joinsmsn.com	유통의 차별화 전략의 예
	매장의 형태 및 장소 변경을 통한 판매촉진 전략	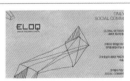	
	ex) 일본 유니클로의 컨테이너 박스샵으로 색다른 장소에서의 쇼핑 체험 전략 진행	자료: www.noticiasarquitectura.info	

고유의 유통채널을 벗어난 유통채널의 확대

ex) 이마트에 입점한 디자이너 브랜드 최범석의 'W.Dressroom'

자료: www.joinsmsn.com

매장의 형태 및 장소 변경을 통한 판매촉진 전략

ex) 일본 유니클로의 컨테이너 박스샵으로 색다른 장소에서의 쇼핑 체험 전략 진행

자료: www.noticiasarquitectura.info

특정 유통채널을 대상으로 한 전문 브랜드

기존의 유통채널을 변경하거나 특정 유통채널에서만 판매하는 상품라인 또는 브랜드를 런칭하는 전략

ex) 온라인 쇼핑몰 전문 브랜드로 재탄생한 지앤코의 '엘록(by ELOQ)'

자료: www.gncostyle.com

그림 48
유통의 차별화 전략의 예

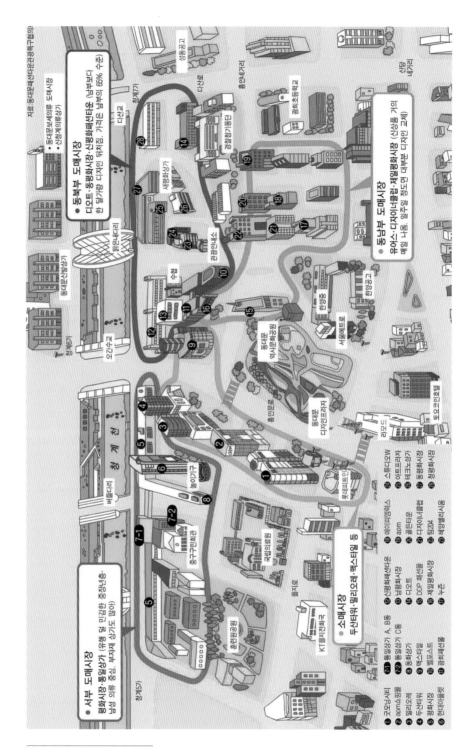

그림 49 동대문 도매시장의 상가

자료: www.pds.joins.com

4) 촉진 Promotion

▌판매촉진

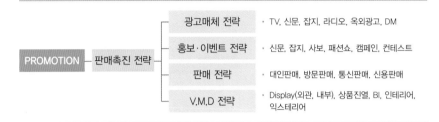

촉진은 고객과 기업 사이에 이뤄지는 다양한 소통의 방식을 의미하며 광고매체,
홍보·이벤트, 판매, V.M.D 등의 커뮤니케이션 방법이 있다. 이 가운데 소비자는
광고 및 홍보를 통해 대상을 인지하고 다양한 판매전략을 통해 구매 결정을 하게
되므로 촉진의 방법이 적절하게 활용되어야 가장 큰 효과를 얻을 수 있다.

		'70~'80년대 초중	'80년대 후반~ '90년대 초중	'90년대 후반~ 2000년대
소비패턴의 변화	소비자 특성	양·질 추구 More–Better	질·미 추구 Better–Identity	미·개성 추구 Identity–Character
	소비자 다양성	10인 1색(획일화)	10인 10색(개성화)	1인 10색(다양화)
	Consumer	소비자	생활자	생활창조자
	시장주도권	디자이너	제조회사	소비자
마켓의 변화	패션의 흐름	맞춤복	고급 기성복	스트리트 패션
	소비자 추앙대상	디자이너	브랜드	컨셉
마케팅의 변화	마케팅 목표	무엇을, 어떻게 만들까?	누구에게 팔까?	어떻게 팔 것인가?
	마케팅 Mix	세일즈 시대	마케팅믹스 시대	소매믹스 시대
	마케팅 방향	디자인	브랜드	스토어 아이덴티티
	M/D 포인트	Design	MD power	Buying Sourcing
	프로모션 수단	구전/Display	전파매체/Display	인쇄매체/VMD

그림 50
소비자, 마케팅,
유통산업의 전략변화 추이
자료: 이호정, 강경영, 2004: 56

(1) 광고 Advertising

비용을 지불한 대중매체를 통해 소비자에게 자사의 정보를 제공, 구매를 자극하는 모든 커뮤니케이션 활동을 의미한다.

- 장점: 신속한 메시지 전달과 감각적 표현전달 가능하고 단기적 효과가 가능하다.

- 단점: 상세한 정보전달의 제한이 있고 대상의 세분화 및 광고효과 측정이 어렵다.

▌ 광고 방법의 종류

- **티저 광고(Teaser Advertising)**: 소비자의 호기심을 불러일으키기 위하여 메시지 내용을 처음부터 전부 보여주지 않고 내용을 조금씩 단계별로 노출시키는 광고

- **DM(Direct Mail) 광고**: 소비 대상을 명확히 하여 메일링하는 방법으로, 집중적인 설득을 할 수 있는 광고

- **팁온 광고(Tip-on Advertising)**: DM 카피부분에 견본을 붙이거나 눈에 띄는 장식을 하여 소비자의 주위를 끄는 광고

- **패러디 광고(Parody Advertising)**: 원작이 있는 작품의 일부를 차용해서 광고 속에 녹아들게 응용한 광고

- **블록 광고(Block Advertising)**: 지방광고와 전국광고의 중간 정도의 경제권을 대상으로 하는 지역광고 캠페인으로, 지역신문에 게재되어 블록 시장을 겨냥하는 광고

- **SP(Sales Promotion) 광고**: 옥외광고, 전단 등과 같이 TV, 신문, 잡지, 라디오 등의 4대 매체 광고를 제외한 모든 판매촉진을 위한 광고 수단

(2) 홍보·이벤트

상품이나 서비스에 대한 정보제공을 목적으로 미디어 매체를 무료로 사용하여 기사화 또는 보도하는 것을 홍보(Publicity)라 하며, 사은품, 쿠폰행사, 1 + 1 증정 또는 콘테스트, 캠페인, 패션쇼 등과 같이 기업의 이미지 향상이나 판촉 활동 행사를 이벤트(Event)라 한다.

- 장점: 보도자료를 통해 작성되는 홍보는 신뢰도 및 촉진 효과가 높으며, 이벤트의 경우 고객 참여를 통한 커뮤니케이션 활성화 및 그 반응을 직접 파악할 수 있다.

- 단점: 홍보는 매체를 통해 기사화되는 내용이나 전달 과정에 대한 통제가 어렵다는 한계가 있으며 이벤트는 행사를 위한 제반 비용이 부담으로 작용할 수 있다.

(3) 판매

판매는 판매원이 고객과 직접적인 접촉을 통해 상품이나 서비스를 알리는 대인 판매, 방문판매와 같은 인적판매와 판매원이 생략되고 대신 전화, 인터넷과 같은 매체를 통해 판매가 이루어지는 다이렉트 판매로 이루어지며 최근에는 다이 렉트 판매의 범위가 확대되고 있다.

- 장점: 인적판매의 경우 고객의 반응에 즉각적인 피드백과 상호 커뮤니케이션이 가능하며, 다 이렉트 판매의 경우 판매원 유지비용이 적다.
- 단점: 소수 소비자를 대상으로 하는 인적판매는 고객 1인당 비용이 높고 촉진의 속도가 비교 적 느리며, 다이렉트 판매는 즉각적인 고객 응대가 어렵다.

(4) V.M.D visual merchandising

V.M.D는 비주얼 머천다이징(Visual Merchandising)의 약자로 기존의 V.M.D는 브랜드의 컨셉과 시즌 상품의 이미지를 고객에게 시각적으로 표현하고 효율적 인 매장의 구성을 통해 판매를 촉진하는 도구로 활용되어 왔으나 점차 소비자 의 즐거운 쇼핑과 문화적 체험을 통한 브랜드 차별화와 이미지 제고를 위한 수 단으로 발전하고 있다.

- 장점: 소비자를 매장으로 유입, 머물게 하여 직접적인 매출로 연결될 수 있다.
- 단점: 차별화되고 우수한 디자인의 V.M.D 전략 수립 및 운영 여건이 부족하다.

문화마케팅을 통한 브랜드 이미지 차별화와 판매촉진	
ex) 쌈지길의 문화마케팅, 바디샵의 그린마케팅 등	 자료: ⓘ JeongAhn
국내외 주요 행사 참여를 통한 판매촉진	
ex) 제일모직 '빈폴'의 런던올림픽 대표선수단 단복과 휠라코리아 '휠라'의 스포츠 단복	 자료: www.okfashion.co.kr
이슈 광고를 통한 브랜드 홍보와 판매촉진	
화제가 될 만한 광고진행을 통해 브랜드가 함께 이슈화되며 이 를 통해 판매촉진을 유도하는 전략 ex) 고정관념을 깨는 광고로 이슈화 된 '베네통'	자료: www.benettonkorea.co.kr

그림 51
판매촉진 차별화 전략의 예

4P's Mix 전략

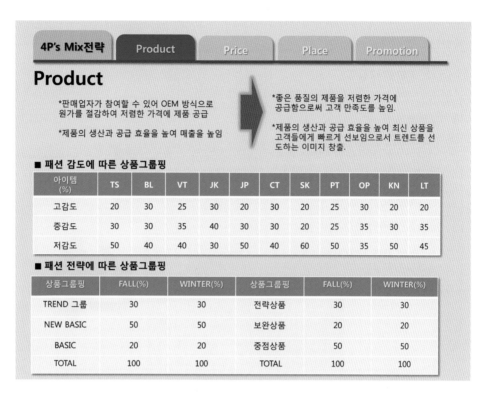

4P's Mix전략 | Product | Price | Place | Promotion

Product

*판매업자가 참여할 수 있어 OEM 방식으로
원가를 절감하여 저렴한 가격에 제품 공급

*제품의 생산과 공급 효율을 높여 매출을 높임

➡

*좋은 품질의 제품을 저렴한 가격에
공급함으로써 고객 만족도를 높임.

*제품의 생산과 공급 효율을 높여 최신 상품을
고객들에게 빠르게 선보임으로서 트렌드를 선
도하는 이미지 창출.

■ 패션 감도에 따른 상품그룹핑

아이템 (%)	TS	BL	VT	JK	JP	CT	SK	PT	OP	KN	LT
고감도	20	30	25	30	20	30	20	25	30	20	20
중감도	30	30	35	40	30	30	20	25	35	30	35
저감도	50	40	40	30	50	40	60	50	35	50	45

■ 패션 전략에 따른 상품그룹핑

상품그룹핑	FALL(%)	WINTER(%)	상품그룹핑	FALL(%)	WINTER(%)
TREND 그룹	30	30	전략상품	30	30
NEW BASIC	50	50	보완상품	20	20
BASIC	20	20	중점상품	50	50
TOTAL	100	100	TOTAL	100	100

4P's Mix전략 | Product | Price | Place | Promotion

Price	Place	Promotion
고가격대의 가격전략을 위한 고품질과 고급스러운 이미지의 브랜드 정책 평균가격대 대비 최고가 라인, 세컨 Price라인 구성을 통한 SPOT 기획상품 진행	정식 매장外 팝업매장 진행을 통한 다양한 유통채널 확보 컨테이너박스, 공중전화부스 크기의 마이크로 매장으로 흥미와 판매 유발	다양한 매체를 이용한 고객들과의 소통과 신규고객 유입 전략 .라디오CF, 연예인 협찬 .SNS를 통한 홍보 .블로그를 통한 홍보 .패션매거진 진행

브랜드의 기본전략에 적합하고 차별화된 상품(Pro-duct), 가격(Price), 유통(Place), 촉진(Promotion) 등 4가지 요소의 기본방향을 설정하는 전략을 정리한다.

◉브랜드 전략(4P Mix) ────────── 1. 정보분석 　2. 브랜드 설정 및 전략

Product

Brand Image Strategy

- 한복과 일상복의 상품라인 구분 전개
- 독자적인 천연염색기술 구축을 통한 독보적 기술 획득
- 다양한 염색기법으로 웰빙, 건강 이미지 강조
- 신소재 기술과 혁신적인 기술이 반영된 상품 기획으로 전통 이미지 강조

- 투명하고 건전한 상품 생산으로 착한 브랜드 철학 강조
- 독자적인 염색, 전통 제품과 재활용시스템으로 윤리적 친환경적 기업 이미지 구축
- 기존 자신이 가지고 있던 옷을 매장에 가져와서 우리의 전통적 소재와 Mix & Match 해서 안 입는 옷 재활용

4P's Mix PRICE

브랜드 설정 및 전략

가. 격. 전. 략.

Better & Volume Better Price	가격 결정 방법	할인 정책
■ 기존 플러스 사이즈 브랜드 대비 중고가의 가격	■ 1단계 : 원가 플러스법 ■ 2단계 : 목표수익률 가격법 ■ 3단계 소비자 중심가격 선정법	■ 패밀리 멤버 & 기념일 세일 ■ 시크릿 쿠폰 이벤트 ■ 시크릿 랜덤 박스 이벤트

PF 03-06

4P's Mix 전략
(Place)

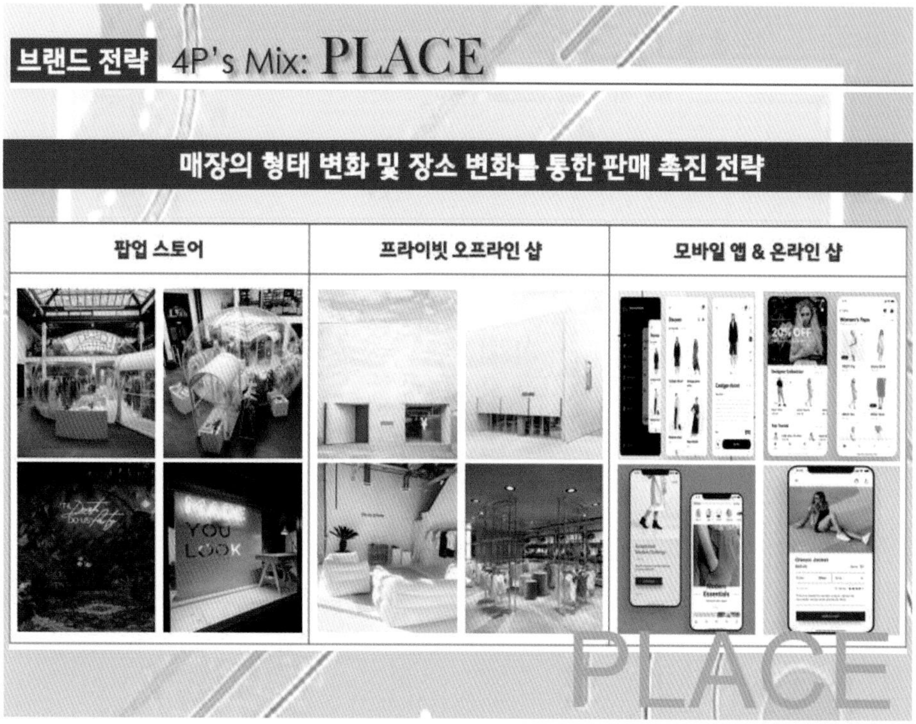

브랜드 전략 4P's Mix: PLACE
매장의 형태 변화 및 장소 변화를 통한 판매 촉진 전략
팝업 스토어
프라이빗 오프라인 샵
모바일 앱 & 온라인 샵
YOU LOOK
PLACE

PF 03-07

4P's Mix 전략
(Promotion)

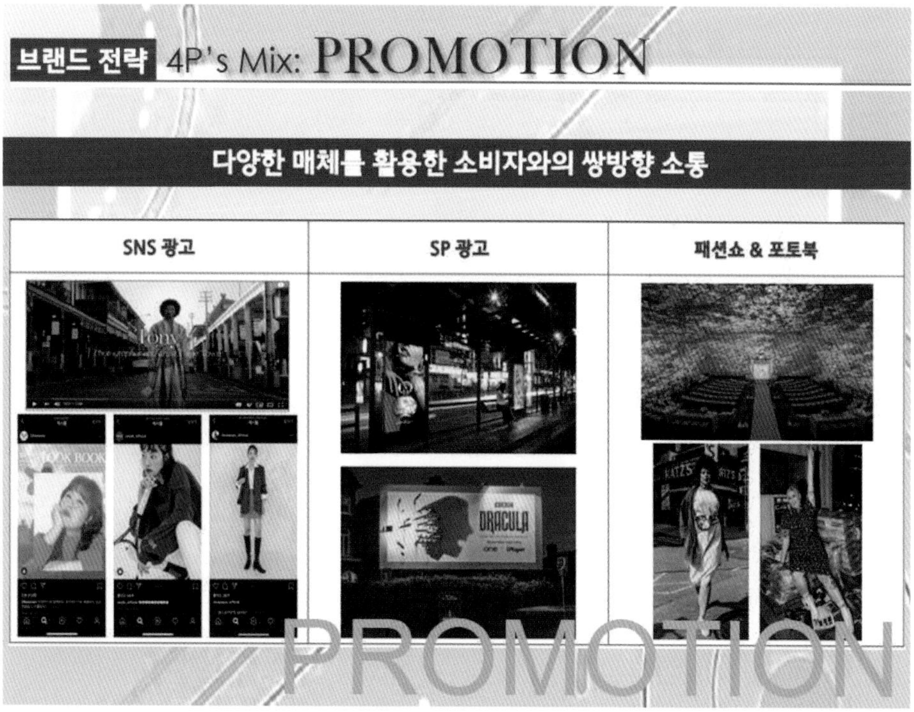

브랜드 전략 4P's Mix: PROMOTION
다양한 매체를 활용한 소비자와의 쌍방향 소통
SNS 광고
SP 광고
패션쇼 & 포토북
DRACULA
PROMOTION

CHAPTER 04
상품구성과 물량 계획

PRODUCT COMPOSITION AND
QUANTITY PLANNING

1. 상품구성

브랜드 컨셉이 선정되면 시즌별로 전개할 상품 라인과 라인별 품목, 스타일 수를 결정하는 상품구성 계획을 수립한다. 상품구성의 정량적 계획은 MD의 주도하에 결정되지만, 이를 바탕으로 품목과 소재별 디자인 진행은 디자이너가 주도해야 한다. 상품구성 시에는 상품의 넓이·길이와 깊이, 판매전략상의 상품구성, 패션 수용도에 따른 상품의 분류 등을 고려하여 상품을 계획한다.

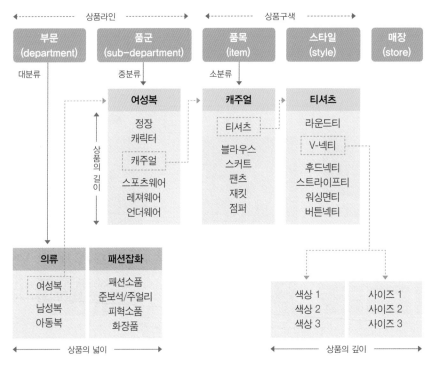

그림 52
매장구분(division)과 상품구색

1) 상품구성 계획

상품구성 계획은 각 브랜드에서 시즌별로 생산하여 판매할 모든 상품의 계열과 품목에 대한 계획이다. 패션상품의 구성은 브랜드가 제공하는 제품의 집합으로 상품의 넓이, 길이, 깊이로 파악될 수 있다. 상품구성 방법은 ① 테마별 구성비 설정, ② 구성비에 따라 테마별 그룹핑, ③ 그룹별 테마에 따라 이미지 결정, ④ 각 이미지에 따라 품목 및 스타일 수 결정, ⑤ 스타일에 따라 사이즈, 컬러수 결정, ⑥ 품목을 합하는 순으로 진행한다.

표 28
패션상품의 구성
– 상품의 넓이, 길이, 깊이

구분		특성
상품구성	넓이	브랜드가 취급할 상품 라인의 수 ex) 넓은 상품구성: 여성복 + 남성복 + 패션잡화 등 　　　좁은 상품구성: 여성복 또는 남성복만을 취급
	길이	각 상품 라인에 포함된 품목(Item) ex) 여성복 중 티셔츠, 블라우스, 스커트 등
	깊이	각 품목별 전개될 스타일의 수, 각 스타일에 따른 색상, 사이즈의 수

2) 판매 전략상의 상품구성

표 29
판매 전략상의 상품구성

by 상품 전략	•중점상품: 컨셉 전달 및 기업이익 확보를 위한 고회전 상품(20~30%) •보완상품: 특수한 기간 및 수요를 위한 대응 상품(20%) •전략상품: 브랜드 컨셉 강조, 초고가, 저가 등 기획 상품, 계절 상품(40~50%)
by 유행성	•트렌디: 유행성을 가장 많이 반영한 상품 •뉴베이직: 지난 시즌의 유행 또는 어느 정도의 유행성을 반영한 상품 •베이직: 유행성과 상관없는 기본적인 상품

표 30
상품 그룹핑

구분	FALL 스타일 수	FALL 비율 (%)	WINTER 스타일 수	WINTER 비율 (%)
전략 상품	18	40	28	40
보완 상품	9	20	14	20
중점 상품	18	40	28	40
TOTAL	45	100	70	100

구분	FALL 스타일 수	FALL 비율 (%)	WINTER 스타일 수	WINTER 비율 (%)
트렌드 상품	9	20	11	15
뉴베이직 상품	27	60	45	65
베이직 상품	9	20	14	20
TOTAL	45	100	70	100

2. 예산 및 물량 계획

1) 예산 계획

예산은 일정 기간 동안 필요로 하는 비용을 예측한 것으로 브랜드의 예산은 제품 생산 계획에 따른 예산과 이후 프로모션 및 재고, 영업 등 제반 활동에 필요한 예산으로 구분할 수 있다.

▌예산 계획(제품생산 예산)

- 차기년도 매장 수: 20개
- 전년도 매장 단위당 월 평균 매출액: 5,000만 원
- 연간 예상 매출액: 5,000만 원 X 12개월 X 20개 매장 = 120억 원
- 차기년도 매출성장률 10%: 120억 원 X 1.1 = 132억 원(70% 재고소진 기준)
  (100% 재고소진으로 환산 = 189억 원)
- 전년도 상품 평균 판매가: 355,000원
- 전년도 상품 평균 생산원가: 120,500원(판매가의 35%)
- 차기년도 생산 예산: 189억 원의 35% = 66억 원

| ITEM | 생산 계획 | | | | | | | |
| | 전년도 | | | | 차기년도 | | | |
	생산Lot	생산량	생산금액 (천 원)	비중(%)	생산Lot	생산량	생산금액 (천 원)	비중(%)
TS	70	420	7,140	4.4	50	300	5,100	3.0
BL	60	240	5,760	3.6	20	80	1,920	1.1
VT	60	240	5,040	3.1	60	240	5,040	3.0
JK	120	1080	46,440	28.6	50	450	19,350	11.5
JP	80	720	29,520	18.2	120	1080	44,280	26.2
CT	20	100	5,500	3.4	100	500	27,500	16.3
SK	60	120	3,840	2.4	60	120	3,840	2.3
PT	80	160	5,600	3.5	100	200	7,000	4.1
OP	100	300	12,300	7.6	80	240	9,840	5.8
KN	70	560	13,440	8.3	90	720	17,280	10.2
LT	50	400	27,600	17.0	50	400	27,600	16.4
TOTAL	770	4,340	162,180	100.00	780	4,330	168,750	100.00

표 31
차기년도 생산 예산의 예
(단위: 천 원, %)

2) 물량 계획

예산의 범위 내에서 생산할 물량을 계획하는 것을 물량 계획이라 하며, 전년도 판매실적과 차기년도의 예상매출액의 예측을 통한 목표매출액 설정을 통해 결정한다. 이후 총 매출 계획에 따라 시즌별, 월별, 주별 매출 계획을 세운 후 정해진 상품구성의 깊이와 폭을 중심으로 전체 매장의 수와 매장별 상품배분을 고려하여 전체 물량이 책정된다. 따라서 각 매장의 지역별 선호 아이템이나 컬러, 상품의 분류별 특징을 먼저 파악해야 재고를 최소화하고 매출을 최대로 이끌어 낼 수 있다.

▌ 물량 계획

- 매출 목표
- 총 스타일 수, 스타일별 생산량, 제품 생산원가
- 평균판매(Tag)가격
- 예상판매율, 품목별 판매량의 예측, 상품회전율
- 시즌, 월별, 아이템별 소비자 구매패턴
- 컬러, 소재, 사이즈, 가격대별 판매 경향
- 지역별, 유통업태별 매출의 비율
- 정상판매 매출, 할인판매, 리오더 매출의 비율 등

표 32
물량 계획의 예(단위: 원, %)

시즌		S	S	F	W	TOTAL
매출 목표	정상	553,840	841,050	615,600	2,140,320	4,150,810
	할인	142,416	168,210	92,340	550,368	953,334
시즌 비중(%)		14	20	14	53	100
평균판매(TAG) 가격(원)		115,000	89,000	135,000	168,000	126,750
생산수량		6,880	12,600	5,700	18,200	43,380
스타일 수		43	60	38	70	211
생산LOT		160	210	150	260	780
생산단가(원)		35,500	32,000	38,570	47,920	38,498
생산원가합(원)		244,240	403,200	219,849	872,144	1,739,433
비율(%)		14	23	13	50	100

3. 타임스케줄 작성

패션기업의 각 업무별 진행시기를 년, 시즌, 월, 주별로 정리하여 상품 공급 및 판매, 영업의 전반적인 스케줄을 작성한 것을 타임스케줄이라 한다. 타임스케줄을 통해 기업의 전체적인 전략과 이에 따른 각 부서별 해당 업무를 공유하고 계획에 따라 업무를 효과적으로 진행할 수 있게 된다.

S　M　F　W

업무	계절 / 월	봄 3월	4월	5월	여름 6월	7월	8월
정보 분석	마케팅 환경 정보						
	시장 및 소비자 정보	←——— S ———→			←——— M ———→		
	패션 트렌드 정보	F/W 시즌정보					
표적시장 설정	브랜드 분석	F			← W →		
	STP 분석	F			← W →		
브랜드 컨셉 설정	SWOT 분석	F			← W →		
	4P's Mix 전략	F			← W →		
상품 계획	상품구성	F			← W →		
	예산 및 물량 계획	F			← W →		
	타임스케줄 작성	F			← W →		
디자인 개발	디자인 컨셉 설정	F			← W →		
	색채기획	← F →			← W →		
	소재기획 및 발주	←—— F ——→			←—— W ——→		
	디자이닝	←——————— F ———————→			←——————— W ———————→		
	샘플제작 및 수정	←——————— F ———————→			←—— W ——→		
가격 결정	가격			←—— F ——→			← W →
품평 및 수주	품평·수주회				← F →		
	테스트마케팅				← F →		
생산기획	원부자재 투입			←——— F ———→			← W →
	대량생산				← F →		
	소싱 및 생산제품 입고				←—— F ——→		
유통 및 판매기획	유통경로/출고/판매교육				←—— F ——→		
	판매특약점 출고/판매						← F →
판매촉진 기획	VMD 계획				←——— F ———→		
	디스플레이 실시				←——— F ———→		
	광고 및 이벤트				←——— F ———→		
평가 및 제안	평가회 및 제안					←—— M ——→	

표 33
타임스케줄 작성의 예

PART 2-2

패션상품 디자인개발

2-2 **패션상품** 디자인개발

패션상품의 디자인개발 과정은 마케팅 정보분석, 표적시장 설정, 브랜드 컨셉 설정, 상품전략 과정을 통하여 각 브랜드의 기본적인 방향설정 및 해당시즌의 전개 방향이 설정되며 디자이너들은 이 과정을 바탕으로 구체적인 패션상품 디자인개발 과정을 진행하게 된다.

▌패션상품의 디자인개발 과정

① 브랜드 이미지 및 정체성 리뷰

② 패션 트렌드 분석 및 디렉션 포캐스팅

③ 주제 및 디자인 방향 설정

④ 패션테마의 설정: 브랜드 컨셉과 시즌 패션테마의 전개
   → 키워드 추출
   → 디자인 컨셉 스토리 및 패션테마 도출

⑤ 시즌 디자인 컨셉: 메인 테마, 서브 테마, 컨셉 설정

⑥ 테마별 이미지맵: 시즌 디자인 컨셉맵에 따른 테마별 이미지맵 작성

⑦ 색채 기획: 테마별 컬러이미지맵 작성 및 아이템별, 스타일별 맵 제작

⑧ 소재 기획: 테마별 소재이미지맵 작성 및 아이템별, 스타일별 맵 제작

⑨ 디자이닝: 아이템 기획, 스타일링맵, 디자인 도식화맵

⑩ 샘플 제작 및 수정

⑪ 품평회와 수주회

⑫ 대량생산

패션상품 디자인개발 과정을 그림으로 제시하면 다음과 같다.

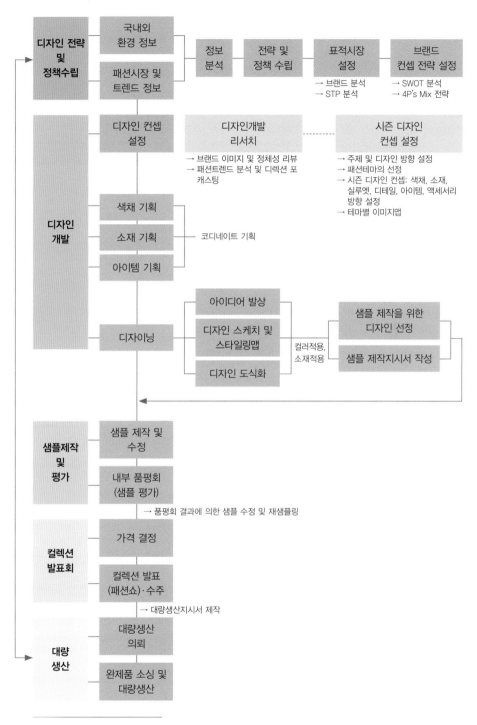

그림 53 디자인개발 과정

CHAPTER 05
디자인 컨셉 설정

DESIGN CONCEPT

국내외 환경 분석, 정보분석, 타깃의 특성, 브랜드의 이미지, 상품의 특성 등 기업의 디자인 전략 및 정책수립을 위한 기본 방향이 설정되면 구체적으로 디자인 컨셉을 설정해야 한다. 디자인 컨셉의 설정은 디자인을 개발하는 계획단계로 브랜드와 디자이너의 차별화된 정체성이 표현되는 단계이다.

1. 디자인개발 리서치

▌디자인개발 리서치

신제품 개발을 위하여 문제 인식을 시작하고 해결의 실마리를 찾기 위해 고민하는 단계로 기존 브랜드의 정체성에 대한 리뷰와 패션트렌드 분석 및 디렉션을 예측하기 위한 연구단계이다.

디자인이 아무리 훌륭하다고 해도 브랜드 이미지에 적합하지 않다면 성공적인 디자인이라 할 수 없다. 즉 자사 브랜드 이미지에 가장 적합한 디자인을 해야 한다는 것은 브랜드가 얼마나 정확한 디자인 컨셉을 수립하여 그것에 준한 디자인개발을 하였는가 하는 문제이다. 그러기 위해서는 기존 브랜드에 대한 이미지 및 정체성에 대하여 되짚어 보고, 브랜드 디자인 전략에 적합한 시즌 트렌드 분석 및 디렉션 포캐스팅을 통해 정하는 디자인개발 리서치 과정을 거치는 것이 매우 중요하다.

그림 54
디자인개발 리서치 과정

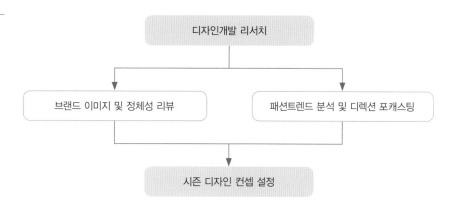

1) 브랜드 이미지 및 정체성 리뷰

브랜드의 정체성을 유지하면서도 보다 개선된 브랜드 이미지로 변화하기 위한 새로운 인스피레이션을 찾기 위해 고민하는 첫 단계이다. 디자인개발의 초기 단계로 후속 단계에서 일어날 수 있는 많은 시간적 낭비와 자원의 투입, 리스크를 미연에 방지하기 위해 다양한 환경을 아우르는 폭넓은 시각을 통한 진행이 필요한 과정이다.

2) 패션트렌드 분석 및 디렉션 포캐스팅 Direction Forecasting

브랜드 이미지에 적합한 디자인 방향을 설정하는 방법은 크게 패션트렌드 정보를 분석하는 과정과, 이를 통해 다음 시즌을 위해 변화될 방향을 찾는 과정으로 나눌 수 있다. 첫 과정으로 여러 패션정보업체에서 제공하는 패션트렌드 정보의 분석 내용을 정리하여 공통된 내용을 중심으로 메인 트렌드(트렌드 테마), 컬러 트렌드, 패브릭 트렌드, 스타일 트렌드, 소비자 트렌드로 나누어 정리한다. 오늘날과 같이 패션트렌드의 사이클이 빠르고 패션정보의 발신지가 다원화·다양화되고 있는 시대에는 자사의 브랜드에 적합한 패션정보를 신속하고 정확한 경로를 통해 수집, 분석한 결과가 상품개발에 적극 반영되어져야만 경쟁력 있는 상품을 소비자들에게 제공할 수 있다.

그림 55 패션넷코리아에서 발표한 패션 트렌드 테마와 인스피레이션 분석

자료: www.fashionnetkorea.com

테마 1. PRIMARY

인간과 문명의 본질적 요소 탐구에 의한 미니멀리즘의 테마. 클린한 쉐이프와 절제되고 자연스러운 디테일, 컬러와 소재의 블록킹을 활용하는 그래픽 감각의 모던 양식과 자연스러운 형태와 디테일의 편안한 엘레강스룩, 실용적인 쿠튀르룩

▶ 그래픽이 가미된 미니멀리즘을 통한 실용적이고 엘레강스한 쿠튀르 표현

테마 2. INSTINCT

관능적이며 연약하고 부드러운 페미닌 감성의 테마. 테크놀로지 감성과 자연에서 오는 에코라이프. 바다에서 영감받은 고급스러운 글램룩, 동화와 60년대 모즈룩을 결합한 걸리쉬 로맨틱룩, 50년대 빈티지한 페미닌룩

▶ 테크놀로지의 영향으로 글램, 환타지, 빈티지가 더해진 페미닌

테마 3. CUSTOM

아프리카와 정글의 감성을 가진 초현실적, 20년대 아르데코의 영향으로 표현된 테마. 럭셔리한 트라이벌룩, 70년대풍의 도심속 리조트룩, 이국적이고 모던한 트로피컬룩

▶ 70년대, 초현실, 아르데코풍으로 해석된 아프리칸 에스닉

테마 4. CROSSOVER

일상을 반항적이고 파괴적으로 재창조한 라이프스타일 표현. 아티스틱하고 빈티지한 스트리트 룩과 데일리 스포츠룩, 테일러드한 스타일로 고급스러워진 어반 스트리트룩

▶ 테일러링으로 고급스러워진 반항적 아트와 스포츠 스트리트룩

그림 56 패션넷코리아에서
발표한 패션테마별 컨셉

자료: www.fashionnetkorea.com

	PRIMARY	INSTINCT
THEME	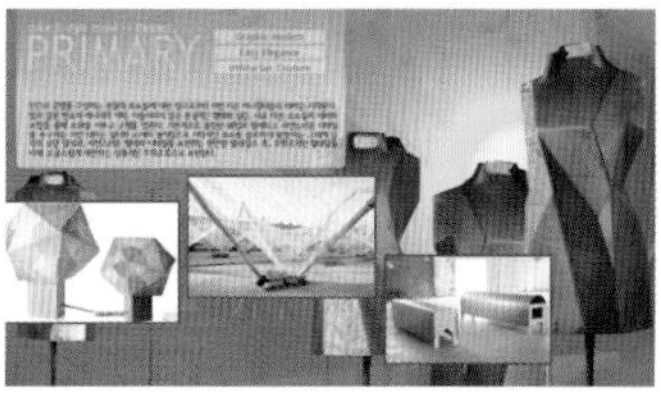	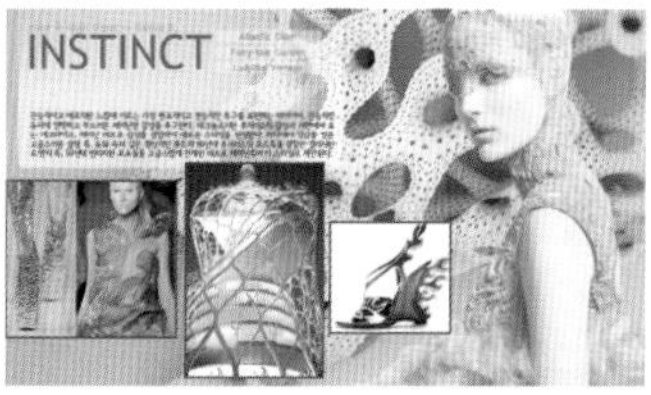
색채		
소재	내추럴 코튼, 린넨, 유연한 실크 등의 천연소재와 형태감 있는 새틴과 타프타, 실크자카드	투명하고 형태감 있는 실크, 시폰, 크로셰, 아일렛, 레이스와 하이테크 감각의 메탈릭 소재
패턴	커팅·패널 패턴과 소재 변화를 통한 패턴 효과	홀로그램, 키치 패턴, 격자무늬, 오가닉, 그래픽 플라워 패턴
실루엣	심플하면서 흐르는 듯 또는 구조적인 실루엣, 편안하고 루즈한 쉐이프	60년대 모즈룩의 미니멀·박시한 쉐이프와 레트로한 기장의 스커트 라인
디테일	블록킹, 패널링과 레이어드 그래픽커팅과 드레이프 디테일	시퀸 장식과 그래픽커팅·레이어링, 3D 플라워 장식
스타일·아이템	스포티 튜닉, 쉬스드레스, 쿠튀르 미니멀 오피스룩의 테일러링 아이템	퓨처리즘, 걸리시 로맨틱, 모즈룩의 박시재킷과 미니멀 원피스와 스커트

	CUSTOM	CROSSOVER
THEME		
색채		
소재	린넨, 코튼, 크링클, 필링의 러스틱 소재와 광택 있는 새틴, 실크	위빙니트, 워싱가공데님, 나일론, P/E 등 합성소재, 저지와 스쿠버니트
패턴	이국적인 패턴의 모던화, 아프리칸 수공 패턴, 타이다이, 애니멀스킨	아티스틱 감성의 스트리트 그래피티 패턴과 영컬처의 믹스효과
실루엣	20년대 플래퍼룩의 H실루엣과 집시풍의 풍성한 실루엣 공존	바디컨셔스의 피팅감 있는 실루엣과 아노락, 점퍼를 통한 튤립라인
디테일	메탈릭 골드장식과 과감한 프린지 디테일	인체공학적 커팅과 심라인 등의 디테일과 기능적인 스포츠 디테일
스타일·아이템	아르데코의 럭셔리 트라이벌룩, 사파리·트렌치재킷, 원피스와 집시 아이템	아티스틱·빈티지 스트리트룩과 스포츠룩, 90년대 그런지룩의 활동적 아이템

2. 시즌 디자인 컨셉 설정

│ 시즌 디자인 컨셉

상품디자인의 방향을 제시해 주는 것으로, 목표로 하는 시즌을 대상으로 시즌 트렌드를 반영한
감성적 패션테마를 설정하고 그에 따른 디자인 이미지, 컬러, 소재, 실루엣 및 스타일, 디테일,
아이템, 액세서리 등의 기본적인 방향을 설정하는 과정이다.

컨셉은 브랜드 내 여러 명의 디자이너가 가능한 한 업무의 이행을 동일한 사고
방식과 평가기준으로 전개하기 위해 설정하는 것으로, 기업의 정책, 타깃의 특
성, 상품의 특성, 브랜드의 이미지 등 기본 방향이 설정되면 디자인 개발을 위
한 구체적인 시즌 디자인 컨셉을 설정해야 한다.

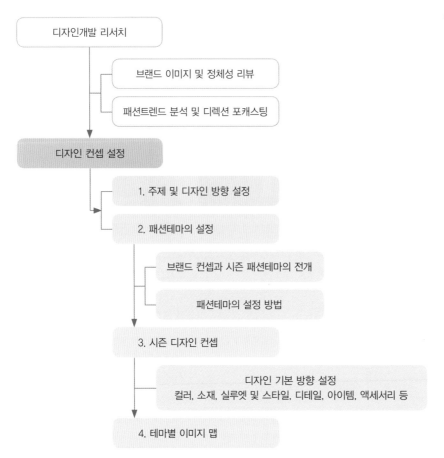

그림 57 브랜드 시즌
디자인 방향 설정의 과정

1) 주제 및 디자인 방향 설정

표적시장 설정 단계에서 분석된 브랜드 이미지와 컨셉, 현재 판매 중인 상품의 리뷰와 패션트렌드 정보분석을 통해 정리된 내용이 전 시즌에 비해 어떻게 변화되었는지 파악하고 다음 시즌을 위해 계속 진행하거나, 트렌드 요소를 가미하여 변화될 부분, 다음 시즌의 상품기획에는 배제될 상품 등을 파악한 후 이미지의 분석을 통해 주제와 디자인의 방향을 설정하게 된다.

2) 패션테마의 설정 Fashion Theme

테마란 소비자에게 어필하고자 하는 구체적인 메시지이다. 따라서 패션테마를 설정한다는 것은 상품을 디자인하는 패션디자이너가 소비자에게 디자인을 통해 전달하고자 하는 구체적인 시즌 메시지를 정하는 작업을 의미한다.

(1) 브랜드 컨셉과 패션테마의 전개 Season Design Concept

패션테마의 설정은 브랜드의 정체성은 그대로 유지, 또는 강화시키면서 시즌 패션상품의 컨셉을 시각화하여 소비자에게 어필함으로써 브랜드 상품의 판매된 이익을 극대화시키는 데 그 목적이 있다. 따라서 브랜드의 컨셉에 적합한 패션트렌드를 반영하면서도 많은 사람들이 가장 채택할 가능성이 높은 패션주제를 채택하여 결정하게 된다.

(2) 패션테마의 설정방법 Theme Image Map

브랜드 컨셉과 패션테마의 주제가 정해지면 디자인 컨셉 스토리를 구상하여 전체 컨셉을 도출하고 컨셉에 따른 패션테마를 정한다. 패션테마는 시즌 상품의 컨셉을 조화로운 상품구성으로 표현해내기 위한 단계로, 디자인의 명확한 방향과 범위를 결정해 주고 명확한 시각적 스토리 구성이 가능하게 해 주며, 이미지 표현방법을 제시해 주기도 한다. 따라서 패션테마와 그에 따른 서브 테마의 선정은 패션디자인의 실제적인 출발점이다.

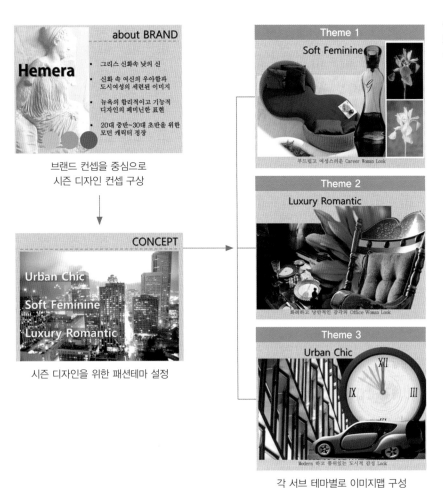

그림 58 브랜드 컨셉과
시즌 패션테마의 전개

브랜드 컨셉을 중심으로
시즌 디자인 컨셉 구상

시즌 디자인을 위한 패션테마 설정

각 서브 테마별로 이미지맵 구성

① 키워드 추출

패션테마는 패션 정보사에서 발표한 패션트렌드의 인스피레이션을 바탕으로 브랜드 컨셉에 적합한 주제에 해당하는 주요 키워드를 추출한 후, 그 키워드를 믹스하여 브랜드 이미지와 시즌 디자인 컨셉을 가장 잘 표현하는 키워드의 조합을 테마로 풀어나가는 과정을 통해 선정한다.

② 디자인 컨셉 스토리 및 패션테마

추출·정리된 키워드를 중심으로 브랜드의 시즌 컨셉을 풀어내는 스토리를 만들어 이를 패션테마로 도출하는 과정을 디자인 컨셉 스토리 과정이라 한다. 이때 독창적인 스토리를 전개하는 것이 브랜드의 시즌 디자인 차별화를 만들어내는 출발점이 되며, 브랜드의 정체성과 함께 패션트렌드와 사회적인 분위기를 담은 스토리로 전개된다.

이렇게 정리된 스토리를 몇 개의 주제별로 정리하여 패션테마를 도출하며 시즌별로 메인 테마와 2~4개 정도의 서브 테마를 정하게 되는데, 일반적으로 상품군(주력군, 준주력군, 보완군)에 의해 3개 이상 선정하는 것이 보통이다. 각 테마별로 구체적인 이미지, 컬러, 소재, 실루엣, 디테일, 액세서리, 헤어·메이크업, 코디네이션 테크닉 등을 분석 정리함으로써 컨셉을 확고히 한다. 다양한 패션예측 정보기관에서 제공하는 패션테마들을 참고로 패션트렌드를 반영하여 자사 표적고객과 이미지에 맞는 테마를 선정하여야 한다.

그림 59 키워드 추출을 통한 패션테마 선정의 예시

	PRIMARY	INNER PEACE
트렌드 테마 소재		
	인간과 문명의 본질적 요소에 의한 미니멀리즘의 테마. 클린한 쉐이프와 절제된 디테일, 컬러와 소재의 블록킹에 의한 그래픽 감각의 모던함과 자연스럽고 편안한 엘레강스룩, 실용적인 쿠튀르룩	육체적 휴식을 넘어서 마음을 다스리는 정신적 휴식과 명상에 대한 관심, 전통적 삶의 방식과 Zen의 고급스러운 단순성과 정서적으로 그윽한 여유를 담고 있는 도시적이면서 자연적인 미니멀리즘
추출된 키워드	**PRIMARY(기본적인)** Minimalism(최소한의), Clean(깨끗한), Modern(현대적인), Graphic(그래픽의), Couture(디자이너 감성의), Elegance(우아함)	**INNER PEACE(내면의 평화로움)** Meditation(명상), Relax(휴식), Zen(불교의 선/젠), Mellow(그윽한), Traditional(전통의), Urban(도시의)

테마: 1. Mellow Couture	
Zen의 고요함과 꿈속의 환상적인 느낌을 담은 쿠튀르함으로 고급스러워진 모던 미니멀리즘	▶ Clean Minimalism Graphic Modern Natural Couture
	▶ Zen Meditation Urban Yoga Mellow Minimalism

테마: 2. Romantic Technology	
테크놀로지한 커팅의 섬세함과 광택의 디테일, 바이오닉 소재를 통한 로맨틱 복고 이미지의 업그레이드 감성	▶ Eco Technology Romantic Mods Retro Feminine
	▶ Man-made Nature Bionic Sense

시즌 패션트렌드

주제별 인스피레이션

| 주제 1 | 주제 2 | 주제 3 | 주제 4 |

키워드 추출 키워드 추출 키워드 추출 키워드 추출

키워드 Mix

디자인 '컨셉 스토리'

주제별 디자인 컨셉에 대한 스토리 전개

디자인 '메인 테마' 도출

한 개의 문장 또는 단어의 조합을 통해 컨셉 표현

서브 테마

| 테마 1 | 테마 2 | 테마 3 | 테마 4 |
| 부연 설명 | 부연 설명 | 부연 설명 | 부연 설명 |

그림 60 키워드 추출을 이용한 디자인 '컨셉 스토리' 및 테마 도출 과정

디자인 스토리 및 패션테마

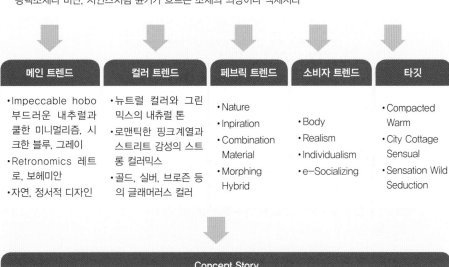

20△△ F/W 패션트렌드

심플하고 간결하면서도 생태계를 배려한 요소
친환경적이면서도 심플한 테마를 바탕으로 고도의 디자인과 감각적인 컬러가 부각됨

로맨틱하면서도 페미닌한 감성의 스트리트 패션
일상생활에서도 스마트함을 나타내는 스트리트 패션을 표준으로 부각됨

매우 고감도의 글래머러스하고 도발적인 은유적 표현물
광택소재나 비단, 시퀸스처럼 윤기가 흐르는 소재의 의상이나 액세서리

메인 트렌드	컬러 트렌드	페브릭 트렌드	소비자 트렌드	타깃
• Impeccable hobo 부드러운 내추럴과 쿨한 미니멀리즘, 시크한 블루, 그레이 • Retronomics 레트로, 보헤미안 • 자연, 정서적 디자인	• 뉴트럴 컬러와 그린 믹스의 내츄럴 톤 • 로맨틱한 핑크계열과 스트리트 감성의 스트롱 컬러믹스 • 골드, 실버, 브로즌 등의 글래머러스 컬러	• Nature • Inpiration • Combination Material • Morphing Hybrid	• Body • Realism • Individualism • e–Socializing	• Compacted Warm • City Cottage Sensual • Sensation Wild Seduction

Concept Story

• 인간적인 자연에서의 심플함과 개성이 넘치는 도시에서의 로맨틱함의 조화

• 자유롭게 노니는 말과 영혼의 동화
  '승마'를 모티프로 클래식하고 귀족적인 컨셉으로, 자연적인 소재를 이용하여 자연의 소중함을 깨달으며, 심플하고 간결한 매력에 기능성을 갖춘 승마 패션

• 삭막한 도시에서 피어나는 '장미'
  '장미'를 모티프로 페미닌하고 로맨틱한 분위기를 자아내는 도심 속 길거리를 세심하게 표현, 개성이 넘치는 고감도 글래머의 도발적이고 은유적인 스트리트 패션

Main Theme

자연과 도시, 그리고 사랑

Classic Theme	Romantic Theme	Natural Theme	Modern Theme
PREMIUM 프리미엄 승마 패션	SOUL 영혼의 표현	ECOLOGY 생태계를 배려한 패션	MANIFESTO 과감한 개성 선언

3) 시즌 디자인 컨셉

시즌 디자인 컨셉은 신상품을 개발하기 전에 사용자에게 통합적으로 소구하고자 하는 패션상품의 통합적 아이덴티티이다. 따라서 명확한 컨셉의 설정은 시즌상품의 이미지를 명확하게 표현함으로써 목표고객에게 성공적인 메시지전달을 도우며, 점점 치열해져가는 경쟁기업과의 비교에서 차별화를 도모할 수 있다. 시즌을 위한 신상품디자인의 이미지를 통합하고 방향을 제시해 주는 시즌 디자인 컨셉은 패션테마, 디자인 이미지, 컬러, 소재, 실루엣 및 스타일, 디테일, 아이템, 액세서리 등의 기본적인 방향을 제시한다.

메인 테마	MINIMAL YESTERDAY	
서브 테마	Mellow Couture	Romantic Technology
디자인 이미지	Zen의 고요함과 꿈속의 환상적인 느낌을 담은 쿠튀르함으로 고급스러워진 모던 미니멀리즘	테크놀로지한 커팅의 섬세함과 광택의 디테일, 바이오닉 소재를 통한 로맨틱 복고 이미지의 업그레이드 감성
컬러	정적이고 미니멀한 뉴트럴과 화이트계열, 반투명 느낌의 가벼운 컬러들	관능적인 스킨톤과 소녀감성의 파스텔·캔디톤, 테크니컬한 광택을 연출하는 깊은 바닷속 컬러들
실루엣	새로운 프로포션의 루즈하고 깔끔한 실루엣	볼륨감과 모즈룩, 핏앤플레어 등의 레트로 쉐이프
스타일·아이템	모던한 커팅의 심플한 디자인과 여유로운 피팅감, 심플한 튜닉·팬츠, 쉬스드레스, 편안한 재킷·팬츠, 셔츠드레스	몸을 감싸는 듯한 유기적 드레이핑의 원피스, 박시재킷, 미니멀 드레스와 튜닉 탑, 미니스커트
디테일	비대칭, 플리츠, 컬러매치 레이어링과 그래픽 커팅, 패널링	해조류처럼 엮은 짜임의 조직감, 다양한 드레이핑, 아일렛, 시스루 등
소재	코튼, 린넨 등 천연소재, 내추럴 저지, 실크, 크레이프 등의 쉬어 소재, 형태감 있는 타프타	내추럴·신세틱 소재, 투명한 보일, 튤 등 경량 소재 고무, 젤리, 실리콘 등 바이오신소재 고광택 라메, 아일렛, 레이스
패턴	보일 듯 말듯 솔리드에 가까운 패턴	인공적 디지털 플로럴 패턴, 홀로그램, 시퀸
테마맵	▼	▼

그림 61
시즌 디자인 컨셉맵의 예

자료: 트렌드정보사 1-
패션넷코리아 트렌드 내용 및 이미지
(www.fashionnetkorea.com)

트렌드정보사 2-
삼성패션연구소 트렌드 내용 및 이미지
(www.samsungdesign.net)
위의 정보사 이미지+토픽포토 이미지
(www.topicphoto.com)를 취합
=Map제작

4) 테마별 이미지맵

시즌 테마가 설정되면 테마별로 이미지를 요약하고 색채, 소재, 스타일링, 실루엣, 디테일, 아이템 등의 디자인 컨셉을 정리한 후 테마를 대표하는 이미지로 구성한 이미지맵을 제작한다.

그림 62
패션테마별 이미지맵
제작 과정

주제분석 및 서브 테마의 디자인 방향 설정

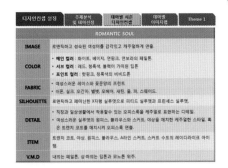

시즌 디자인 컨셉 설정_Theme 1

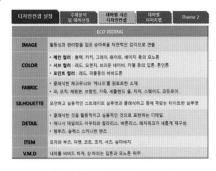

시즌 디자인 컨셉 설정_Theme 2

테마 이미지맵_Theme 1

테마 이미지맵_Theme 2

시즌 디자인
컨셉 및 테마별
이미지맵 1

| 디자인컨셉 설정 | 주제분석 및 테마선정 | 테마별 시즌 디자인컨셉 | 테마별 이미지맵 | Theme 1 |

THEME 1 : Fevely (Feminine + Lovely)

SUB THEME	소녀와 숙녀 사이의 경계를 넘나드는 페미닌하고, 러블리한 스타일
COLOR	밝은(light)톤, 강한(strong)톤으로 다색 배색 밝은 빨강계열과 붉은 보라 계열을 중심으로 사용하고, 파스텔 톤으로 화사하게 배색하여 소녀의 사랑스러움과 숙녀의 여성스러움을 연출
FABRIC	견섬유와 린넨, 싱글 다이마루 등으로 시원하고 부드러운 느낌의 공존 실크 광택의 느낌과 자연스러운 주름 연출
STYLING	소녀들의 아기자기한 귀여움과 숙녀의 감성적이면서 우아한 느낌을 합 쳐 여성스럽고 사랑스러운 스타일링 연출
SILHOUETTE	허리선을 살려주며 퍼프로 풍성한 볼륨감 연출 레이스 장식의 디테일로 여성스러움 강조
DETAIL	셔링장식 퍼프소매 레이스장식 비즈장식
ITEM	Top : Jacket, Blouse, Knit Bottom : Skirt, One-piece, Culottes pants

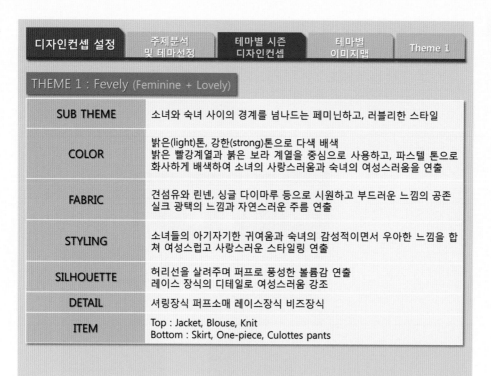

| 디자인컨셉 설정 | 주제분석 및 테마선정 | 테마별 시즌 디자인컨셉 | 테마별 이미지맵 | Theme 1 |

시즌 테마가 설정되면 테마별로 이미지를 요약하고 색채, 소재, 스타일링, 실루엣, 디테일, 아이템 등의 디자인
컨셉을 정리한 후 테마를 대표하는 이미지로 구성한 이미지맵을 제작한다.

**시즌 디자인
컨셉 및 테마별
이미지맵 2**

디자인컨셉 설정	주제분석 및 테마선정	테마별 시즌 디자인컨셉	테마별 이미지맵	Theme 2

THEME 2 : Freechic (Freedom + Chic)

SUB THEME	이성적이고 도시적이며 고급스러움을 나타낼 수 있는 Freechic
COLOR	저채도, 저명도를 중심으로 무채색인 검정, 흰색, 회색과 퇴색된 듯한 파스텔톤 등을 사용한 시크한 이미지
FABRIC	가볍고 신축성이 좋은 저지류, 지짐이 원단과 린넨을 사용한 시원한 봄, 여름소재의 제안
STYLING	시크하고 도도한 이미지가 떠오르면서도 누구나 착용했을 때 편안함을 느낄수 있는 스타일링, 정장과 캐주얼의 MIX MATCH
SILHOUETTE	절제된 단순미의 도시적인 스타일 시크와 프렌치 시크가 자연스럽게 조화를 이루는 여유로우면서도 클래식한 라인 연출
DETAIL	절제된 디자인. 심플한 디테일 한두 가지 강렬한 색상의 아이템과 레오파드, 가죽, 징장식의 포인트
ITEM	Top : Jacket, Blouse, Shirt Bottom : Skirt, Pants, One-piece

디자인컨셉 설정	주제분석 및 테마선정	테마별 시즌 디자인컨셉	테마별 이미지맵	Theme 2

CHAPTER 06
색채 기획

COLOR PLANNING

▎ 색채 기획

시즌 컨셉을 위해 활용될 색채를 형태나 소재 등의 디자인 요소와 결합하여 기능적이면서 심미적 효과를 연출하도록 계획하고 그 방향을 제시하는 것이다.

색채 정보는 패션트렌드 중 가장 먼저 제시되는 정보로, 색채 정보를 통해 패션 트렌드의 컨셉과 범위가 제안되고 원사 및 원단 제작이 진행된다.

색채의 유행은 시즌마다 새롭게 창조되는 것이 아니라 전 시즌의 색채가 톤과 휴의 변화를 거쳐 다음 시즌의 유행색이 되는 것이다. 또한 패션의 주기와 같이 색채의 유행 역시 반복되는 변화의 사이클을 가지며 이러한 색채의 변화를 상품 디자인에 정확히 반영할 수 있도록 기획하는 과정을 색채 기획의 과정이라 할 수 있다.

색채 기획은 패션 정보기관 및 컬러 연구소에서 해당 시즌보다 2~3시즌 앞서 예측하는 정보와 유행색 등을 고려하여 브랜드의 시즌 디자인 컨셉에 맞는 색상 스토리와 색채이미지를 결정하는 과정으로 진행되며, 디자인 테마별로 메인 컬러(Main Color)와 서브 컬러(Sub Color), 액센트 컬러(Accent Color)를 정하여 배색(Color Combination)의 방향을 설정하고, 아이템별 컬러 계획을 세운다.

1. 색채 기획 프로세스

▌ 색채 기획의 과정

마켓 정보분석 및 패션트렌드 컬러 분석을 통한 디렉션 포캐스팅

　→ 디자인 테마 및 컬러 스토리 설정

　→ 테마별 컬러 이미지맵을 통한 컬러 추출

　→ 주조색, 보조색, 강조색, 배색 방향 설정 및 테마별 컬러 비율 조정
　　 : 기본 색상의 명도, 채도와 비중 결정

　→ 아이템 및 스타일별 색채 기획

그림 63 색채 기획 프로세스

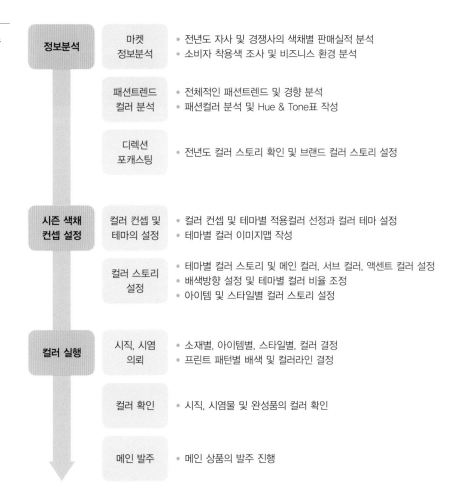

정보분석	마켓 정보분석	• 전년도 자사 및 경쟁사의 색채별 판매실적 분석 • 소비자 착용색 조사 및 비즈니스 환경 분석
	패션트렌드 컬러 분석	• 전체적인 패션트렌드 및 경향 분석 • 패션컬러 분석 및 Hue & Tone표 작성
	디렉션 포캐스팅	• 전년도 컬러 스토리 확인 및 브랜드 컬러 스토리 설정
시즌 색채 컨셉 설정	컬러 컨셉 및 테마의 설정	• 컬러 컨셉 및 테마별 적용컬러 선정과 컬러 테마 설정 • 테마별 컬러 이미지맵 작성
	컬러 스토리 설정	• 테마별 컬러 스토리 및 메인 컬러, 서브 컬러, 액센트 컬러 설정 • 배색방향 설정 및 테마별 컬러 비율 조정 • 아이템 및 스타일별 컬러 스토리 설정
컬러 실행	시직, 시염 의뢰	• 소재별, 아이템별, 스타일별, 컬러 결정 • 프린트 패턴별 배색 및 컬러라인 결정
	컬러 확인	• 시직, 시염물 및 완성품의 컬러 확인
	메인 발주	• 메인 상품의 발주 진행

1) 마켓 정보분석 및 디렉션 포케스팅

각종 컬러 트렌드의 정보분석을 통해 시즌 컬러로 제시된 컬러 파렛트와 브랜드의 고유한 컬러 파렛트를 모아 시즌의 컬러 디렉션을 말해 주는 시즌 컬러 파렛트를 제작한다.

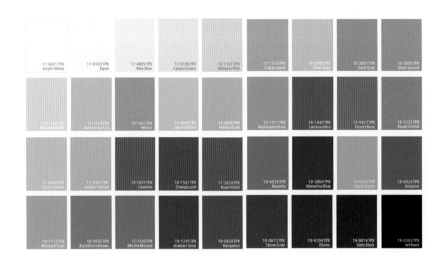

그림 64 브랜드의
시즌 컬러 파렛트의 예
자료: www.samsungdesign.net

2) 디자인 테마 및 컬러 스토리 설정

브랜드의 시즌 컬러 파렛트를 참고하여 디자인 컨셉으로 선정된 패션테마와 맥을 같이 하는 컬러 테마와 스토리를 정한다.

3) 테마별 컬러 이미지맵을 통한 컬러 추출

컬러의 테마가 정해지면 테마에 어울리는 컬러 이미지의 그림이나 사진 등으로 이미지를 시각화한 후, 앞서 정리한 컬러 파렛트 중 시각화한 이미지에 해당하는 컬러칩을 추출하고 추출된 컬러 중 메인 컬러와 서브 컬러, 액센트 컬러를 정한다.

4) 배색 방향 설정 및 테마별 컬러 비율 조정

가장 많은 비중을 차지하는 메인 컬러와 메인 컬러를 보완하는 서브 컬러, 전체 배색에 활기를 주는 액센트 컬러를 정하여 배색 방향을 설정한 후 배색띠를 만들어 테마별로 컬러의 비율을 조정한다. 주로 메인 컬러는 전체 컬러의 60~70%를 차지하며, 서브 컬러는 20~30%, 액센트 컬러는 5~10% 정도의 비율이 적절하다. 또한 각 계절별로 브랜드가 기본적으로 사용하는 기본 색상의 명도와 채도의 범위를 정하고 그 비중을 조정한다.

그림 65 컬러 이미지의
시각화와 컬러 선정의 예
자료: www.samsungdesign.net

그림 66 색상과 톤의 분석

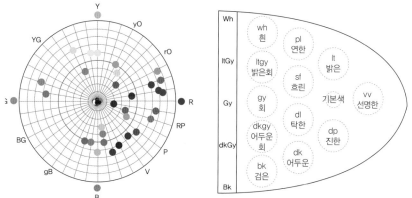

테마별
컬러 기획맵

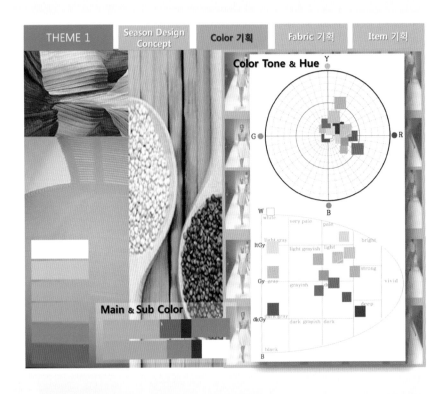

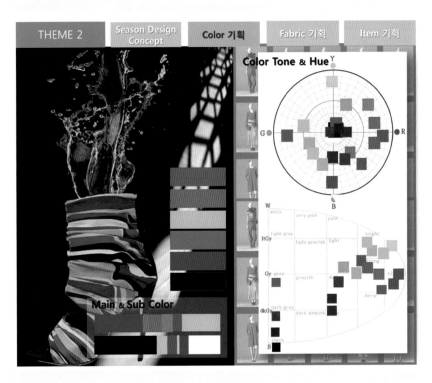

테마별 컬러 이미지맵을 제작한 후 테마별 메인 컬러와 액센트 컬러의 비율을 조정하여 배색띠를 만들고, 컬러 그룹의 색상과 톤을 색상환에 올려 테마별 컬러 포지셔닝을 통해 테마별 컬러 경향의 특징을 파악한다.

아이템별
컬러 기획맵

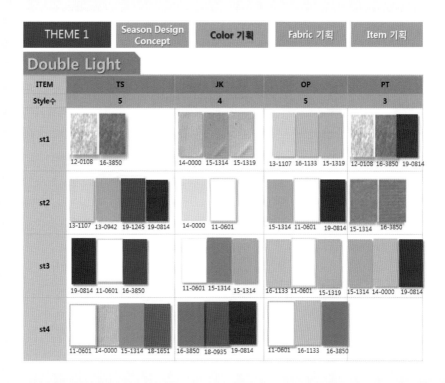

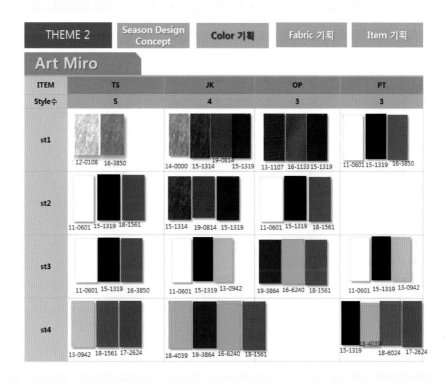

CHAPTER 07
소재 기획

FABRIC PLANNING

| 소재 기획

브랜드의 시즌 컨셉을 가장 효과적으로 표현할 수 있는 소재의 범위를 앞서 기획된 색채와 함께 가장 조화롭게 활용될 수 있도록 계획하고 그 방향을 제시하는 것이다.

소재는 의복을 형상화하는 재료이자 패션디자인을 완성하는 조형 요소이다. 의복에 있어 소재는 신체보호의 역할과 함께 색채와 조화되어 의복의 외관을 결정짓고 디자인 이미지를 전달하는 심미적 역할을 하며, 유사한 디자인이라도 소재가 갖는 특성에 따라 의복의 부가가치가 좌우되기도 하는 등 상품 차별화 요소로서 중요한 역할을 하고 있다.

소재 기획은 해당 시즌보다 두 시즌 정도 앞서 패션 정보기관이나 소재전문 업체에서 예측하는 원사 및 원단정보를 바탕으로 브랜드의 시즌 디자인 컨셉에 맞춰 테마별로 정리된다. 이후 소재의 컨셉 및 테마가 설정된다는 점은 색채 기

그림 67 소재 기획맵

획과 동일하나 브랜드의 가격정책에 따라 소재의 사용이 제한되는 특징이 있다. 따라서 패션디자인에 있어 소재 기획은 소재의 트렌드와 특성을 이해하고 브랜드 이미지와 컨셉에 맞는 소재를 선택해야 하며 아이템별 적절한 기능과 원가가 고려되어야 한다.

1. 소재 기획 프로세스

▌ 소재 기획 프로세스

소재 정보의 수집·분석
　→ 소재 기획 컨셉 설정: 디자인 컨셉, 테마 및 컬러 테마 반영
　→ 소재 스와치의 수집·분류: 패션테마 및 아이템별 정리
　→ 소재 결정: 패션테마별·아이템별·출고시기별, 베이직 소재와 트렌디 소재의 비율 조정

그림 68 색채 기획 프로세스

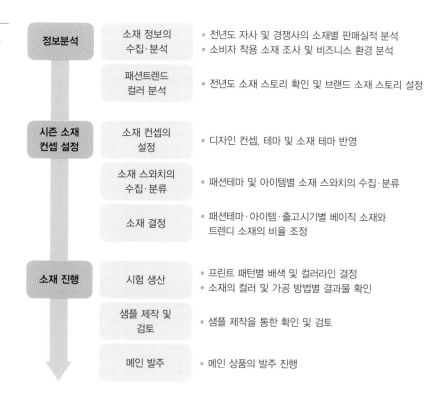

정보분석	소재 정보의 수집·분석	• 전년도 자사 및 경쟁사의 소재별 판매실적 분석 • 소비자 착용 소재 조사 및 비즈니스 환경 분석
	패션트렌드 컬러 분석	• 전년도 소재 스토리 확인 및 브랜드 소재 스토리 설정
시즌 소재 컨셉 설정	소재 컨셉의 설정	• 디자인 컨셉, 테마 및 소재 테마 반영
	소재 스와치의 수집·분류	• 패션테마 및 아이템별 소재 스와치의 수집·분류
	소재 결정	• 패션테마·아이템·출고시기별 베이직 소재와 트렌디 소재의 비율 조정
소재 진행	시험 생산	• 프린트 패턴별 배색 및 컬러라인 결정 • 소재의 컬러 및 가공 방법별 결과물 확인
	샘플 제작 및 검토	• 샘플 제작을 통한 확인 및 검토
	메인 발주	• 메인 상품의 발주 진행

2. 테마에 따른 소재 분류

트렌드 테마	소재 특성	면, 마	양모	견	합성
엘레강스 (Elegance)	우아하고 여성스러운, 따뜻한 소모감촉, 기모 가공한 가벼운 울, 하운드투스 체크, 멜란지 트위드, 모헤어, 쿨울	브로드(broad), 론(lawn), 새틴(satin), 아문젠(amunzen)	플란넬(flannel), 서지(serge), 저지(jersey), 도스킨(doeskin), 트위드(tweed), 캐시미어(cashmere)	벨벳(velvet), 조젯(georgette), 브로케이드(brocade), 새틴(satin)	오건디(organdie), 론(lawn), 서지(serge), 조젯(georgette), 트위드(tweed)
소피스티케이티드 (Sophist-icated)	도회적인 세련미, 단순 간결한 고품질의 소재, 평평한, 반들반들한, 차가운, 유연한, 얇은, 탄력 있는	브로드(broad), 론(lawn), 새틴(satin), 머슬린(muslin), 도비(dobby), 아문젠(amunzen)	샤크스킨(sharkskin), 서지(serge), 울조젯(wool georgette), 아스트라칸(astrakhan), 트위드(tweed), 저지(jersey)	타프타(taffeta), 트위드(tweed), 새틴(satin), 개버딘(gabardine), 실크오건디(silkorgandie)	새틴(satin), 론(lawn), 피케(pique), 개버딘(gabardine), 인조모피, 인조가죽
로맨틱 (Romantic)	영화같이 달콤한 느낌, 컬러풀 얀, 엠브로이더, 플로럴 패턴, 오팔가공, 시스루 시퀸 소재, 비즈	코튼 캠브릭(cotton cambric), 린넨(linen), 보일(voile), 머슬린(muslin), 아문젠(amunzen)	트위드(tweed), 멜턴(melton)	시폰(chiffon), 조젯(georgette), 새틴(satin), 타프타(taffeta), 벨벳(velvet)	인조모피, 버딘(gabardine), 타프타(taffeta), 크레프드신(crepe de chine)
이그조틱 (Exotic)	광택소재나 화려한 문양 소재, 바틱염, 수공예적인 자수나 문양, 미러 워크 등 장식적 소재	브로드(broad), 플란넬(flannel), 깅엄(gingham)	개버딘(gabardine), 트위드(tweed), 멜턴(melton)	후지실크(fuji silk), 하브태(habutae), 서지(serge), 개버딘(gabardine)	산뚱(shantung), 새틴(satin), 서지(serge), 벨로아(veloa)
컨트리 (Country)	가공되지 않은, 애니멀 패턴, 열대림 프린트, 모피, 가죽제품, 중간 정도의 거친, 약간 꺼칠한, 주름이나 구김이 있는	피케(pique), 코듀로이(corduroy), 데님(denim), 드릴(drill), 아이리쉬 린넨(irish linen), 헤시안클로스(hessian cloth), 시어서커(seersucker)	개버딘(gabardine), 트위드(tweed), 멜턴(melton), 홈스펀(home spun), 샤크스킨(sharkskin)	서지(serge), 개버딘(gabardine), 트위드(tweed)	피케(pique), 산뚱(shantung), 크레프(crepe), 인조모피
액티브 (Active)	활동적인 경쾌한 느낌, 가볍고 편안한 기능적 소재, 중간 정도의 평평한, 따뜻한 느낌의, 견고한	개버딘(gabardine), 브로드(broad), 새틴(satin), 면(cotton), 데님(denim), 드릴(drill)	플란넬(flannel), 멜턴(melton), 개버딘(gabardine), 서지(serge)	트위드(tweed), 니트(knit), 개버딘(gabardine), 새틴(satin)	멜턴(melton), 피케(pique)
매니쉬 (Mannish)	영국풍의 남성복 소재, 타탄체크, 기하학적, 스트라이프 문양, 기능적인, 서구적인, 약간 거친	브로드(broad), 옥스포드(oxford), 새틴(satin)	플란넬(flannel), 멜턴(melton), 개버딘(gabardine), 도스킨(doeskin)	서지(serge), 개버딘(gabardine), 트위드(tweed)	서지(serge), 개버딘(gabardine)
모던 & 아방가르드 (Modern & Avantgarde)	반전통적인, 실험적인 하이테크 감각, 메탈릭, 미래적인, 새로운	폴리우레탄(polyurethane), 넌우븐 소재(nonwoven fabric), 합성피혁(synthetic leather), 신소재(new fabric), 메탈(metal), 종이(paper), 플라스틱(plastic), 케이블(cable), PVC			

표 34 브랜드 테마에 따른 소재의 선택
자료: 엄소희 외, 2006: 79

특성	종류					
비치는 (See-through)						
	레이스	시폰	오건디	비스코스	라셀	번아웃
두꺼운 (Bulky)						
	데님	개버딘	벨벳	그로스그레인	알파카	마틀라세
소프트한 (Soft)						
	테리	멜턴	카멜헤어	모헤어	플란넬	앙고라
거친 (Rough)						
	트위드	홈스펀	헴프(대마)	시어서커	코듀라	아크릴
빳빳한 (Crispy)						
	포플린	타프타	샤크스킨	트로피칼	아세테이트	산뚱
늘어지는 (Limp)						
	조젯	저지	크레이프드신	크레이프	벨루어	하부다에

표 35 직물의 특성에 따른 분류

종 류					
초크 스트라이프	핀 스트라이프	펜슬 스트라이프	헤어 스트라이프	런던 스트라이프	오닝 스트라이프
더블 스트라이프	얼터너티브 스트라이프	일레귤러 스트라이프	섀도 스트라이프	사선 스트라이프	쉐브론 패턴
헤링본 체크	윈도우페인 체크	핀 체크	하운즈투스 체크	건클럽 체크	글렌 체크
타탄 체크	마드라스 체크	옹브레 체크	아가일 체크	할리퀸 패턴	레트로 패턴
바스켓위브 패턴	메이즈 패턴	픽셀 패턴	체커보드 패턴	브릭 패턴	허니콤 패턴
지오매트릭 패턴	3D 패턴	옵아트 패턴	그릭 패턴	아라빅 패턴	아즈텍 패턴

종 류					
아카트 패턴	노르딕 패턴	인더스 패턴	폴리네시안 패턴	만달라 패턴	페이즐리 패턴
윌리엄모리스 패턴	페전트플라워 패턴	트로피컬 패턴	아트플라워 패턴	보태니컬 패턴	코랄 패턴
패더 패턴	아르누보 패턴	스월 패턴	다마스크 패턴	아르데코 패턴	플뢰르드리스 패턴
트리니티 패턴	앵커 패턴	스타 패턴	포 패턴	하트 패턴	핀 도트
폴카도트	콘페티 도트	팬시 도트	달마시안 도트	카우 패턴	지브라 패턴
레오파드 패턴	타이거 패턴	지브라 패턴	스네이크 패턴	크로커다일 패턴	카무플라주 패턴

표 36 직물의 패턴에 따른 분류

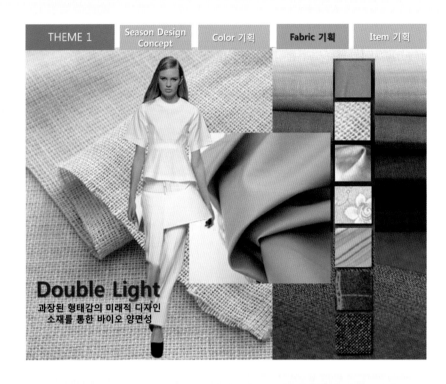

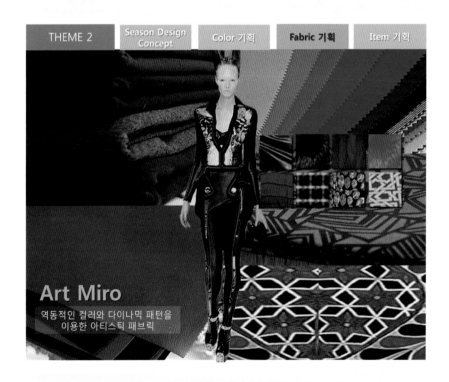

테마별로 적용할 소재의 이미지를 소재의 컬러를 고려하여 수집한 후, 테마의 소재를 대표하는 스타일 이미지
와 소재 스와치를 포함하여 소재 이미지맵을 제작한다.

**아이템별
소재 기획맵**

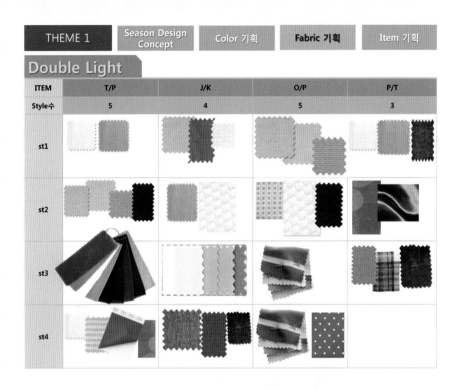

| THEME 1 | Season Design Concept | Color 기획 | Fabric 기획 | Item 기획 |

Double Light

ITEM	T/P	J/K	O/P	P/T
Style수	5	4	5	3
st1				
st2				
st3				
st4				

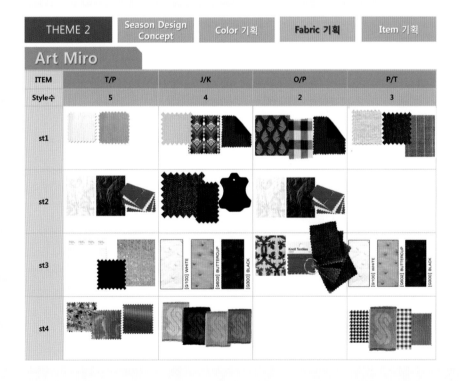

| THEME 2 | Season Design Concept | Color 기획 | Fabric 기획 | Item 기획 |

Art Miro

ITEM	T/P	J/K	O/P	P/T
Style수	5	4	2	3
st1				
st2				
st3				
st4				

3. 패션 부자재 분류

생산 과정에서 보조적 장치나 장식을 위해 추가적으로 사용되는 자재로, 패션에서의 부자재는 원단 외에 봉제 및 부착을 통해 의복이 되는 과정에서 필요한 모든 재료를 의미한다. 패션 부자재는 과거에는 보조적인 역할로 간주되어 왔으나 현대 패션에서는 의복의 장식적 디자인 방법으로 사용되는 디자인의 일부로 여겨지면서 경쟁이 치열한 원자재 시장에서 디자인의 차별화를 만들어 낼 수 있는 중요한 요소 중 하나가 되었다.

구분		종류
심지	심지	 접착심지　허리벨트심지　셔링심지　면심지　부직포심지 원단에 형태감을 주거나 봉제가 용이하도록 원단을 잡아주는 역할을 하며 다림질로 열부착하거나 봉제 부착 •게심: 양복의 칼라 등 원단 유지에 사용되는 면사와 모사로 짠 평직심지 •에리: 칼라(collar)　ex 에리에 심지 사용 •에리고시: 뒷칼라의 높이(collar stand)　ex 에리고시에 심지를 두 겹 사용 •우라: 안감　ex 겉감에 심지부착 후 우라와 함께 봉제 •오비: 허리단(waist band)　ex 오비심지(=허리심지) •후다: 플랩포켓의 덮개부분(flap)　ex 후다에 다대심지(테이프형 심지) 사용 •요꼬(crossgrain)재단: 직물의 위사 방향 •다대(lengthgrain)재단: 직물의 경사 방향 작업지시서 사용단위 예 – 아사심지 44″(인치) 0.9y(야드: 1yd=1마=90cm)
	패드	 어깨패드　반달패트　라클랑패드각패드/파워패드 체형의 결점을 보완하거나 인간의 자연 모습을 유행에 따라서 강조하기 위하여 의복에 넣는 부자재로 부직포, 솜, 원단 등을 이용하여 제작 •이세(ease): 피트감을 위해 원단을 조금씩 당겨가며 박는 것 작업지시서 사용단위 예 – 패드 10mm(∅) 2ea(또는 1set=1조)

표 37 부자재의 종류

(•의 내용은 해당 부자재와 관련된 현장용어)

구분		종류
테 이 프 / 줄	테이프	 리본테이프　바인딩　릭랙　브레이드　프릴　바이어스테이프 장식 및 기능을 위해 접착, 봉제하는 테이프 형태의 부자재 •후라쉬: 살짝 덧대어 들떠 있게 하는 것 　ex 브레이드를 후라쉬 부착 •가에루빠: 솔기선이나 장식 위에 지그재그 스티치 　ex 릭랙 위에 가에루빠 작업지시서 사용단위 예 － 리본테이프 1.5y
	줄/ 파이핑	 체인　로프　파이핑　스트링　가죽끈 전체적으로 부착하거나 줄의 한쪽을 고정하여 흔들림, 묶음, 부착의 목적으로 사용되는 부자재 •간도매: 뜯어짐 방지를 위해 두어 번 튼튼히 박는 것 　ex 로프 양끝 간도매 •배: 라펠의 둥글려진 부분 　ex 라펠 배를 따라 체인 장식 작업지시서 사용단위 예 － 로프 1y
	밴드	 고무밴드　고무줄　접밴드　요꼬　벨크로 　　　　　　　　　　　(카라/시보리) 신축성있는 고무소재의 밴드나 줄 등을 단의 안, 밖에 사용하여 고정 또는 열 고 닫기 쉽도록 부착한 기능의 장식용 부자재 •요꼬(요꼬에리): 폴로 티셔츠 칼라 부분의 니트조직 •시보리(닙뿌, rib): 점퍼나 니트 밑단이나 목둘레에 사용하는 니트조직 　ex 블라우스 밑단은 시보리 처리 •샤시: 시보리단을 연결하는 봉제 방법 작업지시서 사용단위 예 － 시보리 1.2y

구분		종류
오브제	장식용 오브제	 폼폼　프린징　레이스　모티브　코사지 의복 제작의 마지막 단계에서 장식 및 기능적 효과를 위해 부분적으로 붙이는 다양한 고정 장식 • 하미다시(piping): 바이어스나 파이핑 디테일 • 해리: 바이어스 테이핑 처리한 밑단, 암홀, 목둘레 등의 끝자락(=납바) 작업지시서 사용단위 예 − 바이어스헤이프 1.4y, 모티프 1ea
버튼/비즈	버튼/후크	 싸개단추　청바지단추　스냅단추　후크　비조 탈부착을 위해 사용하는 부자재, 단추와 걸고리 • 보단(button): 단추 • QQ(큐큐, button hole): 재킷이나 코트 등, 주로 두꺼운 원단에 앞쪽이 둥글게 판 단춧구멍 • 나나(나나인찌): 블라우스, 와이셔츠 등에 사용되는 일자형 단추구멍 • 우에마에: 재킷, 팬츠 등 단추장식 의복의 단추구멍이 뚫린 쪽 • 시다마에: 단추가 달리는 쪽 • 마이깡: 후크 • 히요꼬(hidden button): 단추가 겉으로 나타나지 않는 속단추 작업지시서 사용단위 예 − 단추: 제원단 싸개단추 10mm(∅) 5+1ea(5개+1개의 예비 단추) − 후크, 스냅, 비조(=깡): 3ea 또는 1set
	비즈	 징　비즈　스팽글　핫픽스　스터드(정) 의복, 액세서리를 위한 장식용으로 사용되는 다양한 색과 모양의 작은 구슬 또는 조각 장식 작업지시서 사용단위 예 − 징, 비즈, 스팽글: 1set(또는 별도의 부착 디테일 첨부) − 핫픽스: 1ea

구분		종류
와펜	와펜	 마크　　와펜　　메인라벨　케어라벨 상징이나 장식을 위해 봉제 또는 접착을 통해 부착하는 자수나 아플리케 등의 부자재 •와끼(side seam): 옆선 　ex 와끼에 마크 봉제 작업지시서 사용단위 예 – 메인 라벨: 뒤 네크 미까시(안단)에 사면 봉제 – 케어 라벨: 입어서 왼쪽, 밑에서 15cm위로 와끼에 봉제 – 와펜: 접착봉제 또는 스리치 봉제
지퍼 및 연결부속	지퍼	 지퍼　　양면지퍼　콘솔지퍼　청바지지퍼　점퍼지퍼 (one way) (two way) 서로 이가 맞물리도록 금속이나 플라스틱의 조각을 헝겊 테이프에 나란히 박아서, 그 두 줄을 고리로 밀고 당겨 여닫을 수 있도록 만든 것 •뎅고(fly): 지퍼 여밈 스티치 부분 또는 덧단 •지퍼심: 지퍼의 이빨을 제외한 천의 부분 •클로즈엔드(close–end): 팬츠 지퍼와 같이 지퍼 한 쪽이 닫혀 봉제된 것 •오픈엔드(open–end): 점퍼 지퍼와 같이 지퍼 양쪽이 모두 열리는 것 작업지시서 사용단위 예 – 양면 9″ lea
	지퍼풀 / 벨	 지퍼풀　　　벨　　　스토퍼 •지퍼풀: 지퍼를 여닫을 때 손으로 잡을 수 있도록 만든 조각, 장식(슬라이더) •벨: 끈이 구멍으로 들어가지 않도록 막아주거나 끝자락에 무게를 주는 장식 •스토퍼: 스트링을 원하는 길이에서 고정할 수 있도록 잡아주는 장식 작업지시서 사용단위 예 – 가죽불박(로고를 가죽 위에 누른 것) 지퍼풀 lea

구분		종류
지퍼 및 연결 부속	연결 부속	D링/O링/ㅁ링　버클　멜빵집게　멜빵고리　벨트끝쇠
		장식이나 기능적 부속을 위한 금속 또는 플라스틱 재료로 만든 연결용 부속 •사시꼬미: 버클의 다른 말 작업지시서 사용단위 예 – D링 40mm 1ea
실	봉사	견봉사　면봉사　코어사　메탈사　청바지실
		봉제 또는 장식용 바느질을 위해 사용되는 봉사 •수: 일정 무게의 섬유로 뽑아내는 실의 길이로, 숫자가 클수록 높다고 표현하며 얇은 실 •합: 실의 꼬임 　ex 45수/2합 = 45s/2합, 2합은 두 가닥을 꼬아 만든 실 •삼봉(갈라삼봉): 티셔츠와 같은 컷앤쏘(저지)원단의 단, 목둘레 처리에 사용, 안쪽은 지그재그로 겉쪽은 1줄(일봉)/2줄(이봉)/3줄(삼봉) 스티치로 나타남 •지누이: 2장 이상의 원단을 맞물려 봉합하는 일반적 봉제방법 •고로시: 봉제 후 많이 남은 시접을 잘라 정리하는 것 •니혼바리: 두꺼운 캐주얼 원단 위에 박는 두 줄 스티치(stitch=s/t) •오바(오버록): 오버록 기계로 올이 풀리지 않게 끝부분을 지그재그로 감친 바느질 •인타(인터록): 스카프나 얇은천의 단처리로 올이 풀리지 않게 살짝 말아 감친 끝처리 •호시: 넓은 상침 스티치, 장식 스티치 •가사리: 장식을 위해 겉면에 스티치하는 것으로 가짜라는 의미 작업지시서 사용단위 예 – 실코사(견봉사) 60s/3합 1m M/T(컬러매치) – 봉제땀수: 본봉 13/in(1인치안에 13개 땀을 넣음)

표 38 부자재 기입요령

원부자재					
품명	규격	요척	품명	규격	요척
심지	44″	0.9y	단추	10ø	5+1ea
패드	10ø	2ea	비조	라운딩 20mm	1set
테이프	8mm	1.5y	실	실크 60s/3합	1m
시보리	45mm	1.2y	지퍼	양면 9″	1ea
바이어스테이프	10mm	1.4y	D링	40mm	1ea

CHAPTER 08
아이템 기획

ITEM PLANNING

▌ 아이템 기획

컨셉에 부합하는 디자인을 수집하여 시즌 컨셉 및 패션테마를 바탕으로 디자인 방향을 시각화하고 상품구성으로 전개하는 과정이다.

아이템별 디자인 스케치에 앞서 컨셉에 부합하는 디자인 자료, 즉 코디네이션 컬렉션이나 아이템 컬렉션의 사진이나 그림, 스케치 등 자료를 수집한다. 수집된 자료는 다시 테마와 아이템별로 분리하여 디자인의 방향을 설정한 맵을 작성한다. 이 아이템맵은 디자인 전개 시 디자인의 방향이 테마로부터 벗어나지 않도록 하는 범위를 제시하며, 이와 함께 마케팅 전략에 의한 상품구성 계획을 바탕으로 베이직, 뉴베이직, 트렌드를 분류하여 아이템 구성비를 반영한다.

그림 69 아이템 기획

구분	THEME I		THEME II	
	스타일 수	비율(%)	스타일 수	비율(%)
트렌드 상품	12	20	11	20
뉴베이직상품	36	60	33	60
베이직상품	12	20	11	20
TOTAL	60	100	55	100

구분	THEME I		THEME II	
	스타일 수	비율(%)	스타일 수	비율(%)
전략 상품	24	40	22	40
보완 상품	12	20	11	20
중점 상품	24	40	22	40
TOTAL	60	100	55	100

ITEM	FALL							
	감도 & 유행성(st)			스타일 수	SIZE			컬러 수
	고감도	중감도	저감도		S	M	L	
	트렌디	뉴베이직	베이직					
TS	1	3	1	6	●	●		3
BL	1	3	0	4		●	●	2
VT	0	5	1	6	●	●		2
JK	2	5	1	8	●	●		3
JP	1	3	0	4	●	●		3
CT	1	5	1	7	●	●		1
SK	1	3	2	6	●	●		2
PT	2	2	2	6	●	●		3
OP	1	2	3	6				
KN	1	2	1	4				
LT	1	2	0	3				
TOTAL	12	36	12	60				
비율(%)	20	60	20	100				

ITEM	WINTER							
	감도 & 유행성(st)			스타일 수	SIZE			컬러 수
	고감도	중감도	저감도		S	M	L	
	트렌디	뉴베이직	베이직					
TS	2	4	1	7	●	●		
BL	0	2	1	4		●	●	3
VT	1	4	0	5	●	●		2
JK	1	3	1	5	●	●		2
JP	0	4	2	6	●	●		2
CT	0	1	0	1	●	●		3
SK	1	3	2	6	●	●		3
PT	1	7	2	10	●	●		2
	1	2	0	3				3
	2	4	1	7				
	1	1	0	2				
TOTAL	10	35	10	55				
비율(%)	20	60	20	100				

표 39 테마별 아이템 구성의 예

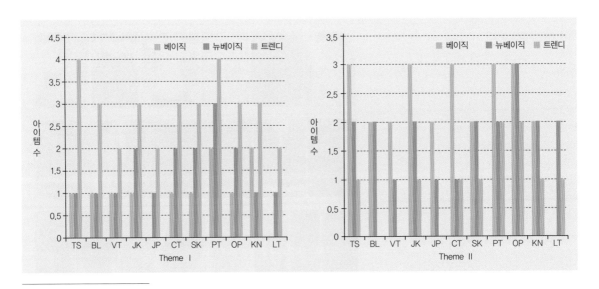

그림 70 테마별 아이템 구성의 예

아이템 기획
맵 1

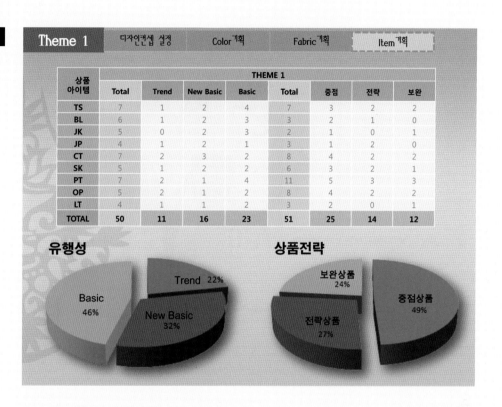

| Theme 1 | 디자인컨셉 설정 | Color 기획 | Fabric 기획 | Item 기획 |

상품 아이템	THEME 1							
	Total	Trend	New Basic	Basic	Total	중점	전략	보완
TS	7	1	2	4	7	3	2	2
BL	6	1	2	3	3	2	1	0
JK	5	0	2	3	2	1	0	1
JP	4	1	2	1	3	1	2	0
CT	7	2	3	2	8	4	2	2
SK	5	1	2	2	6	3	2	1
PT	7	2	1	4	11	5	3	3
OP	5	2	1	2	8	4	2	2
LT	4	1	1	2	3	2	0	1
TOTAL	50	11	16	23	51	25	14	12

유행성

Trend 22%
Basic 46%
New Basic 32%

상품전략

보완상품 24%
중점상품 49%
전략상품 27%

테마별 디자인 컨셉에 부합하는 아이템 자료를 수집, 아이템별로 분리하여 정리한 후, 아이템별 상품구성 물량을 스타일 수로 정리하고 베이직, 뉴베이직, 트렌드를 분류하여 상품구성 전략을 반영한다.

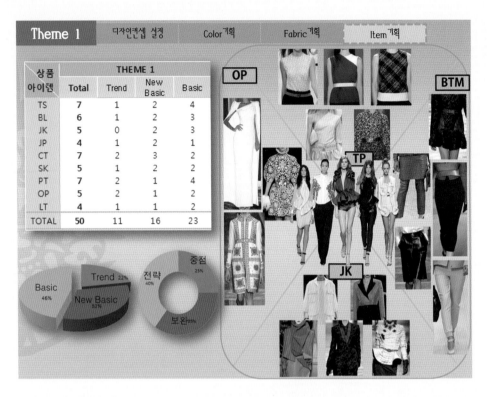

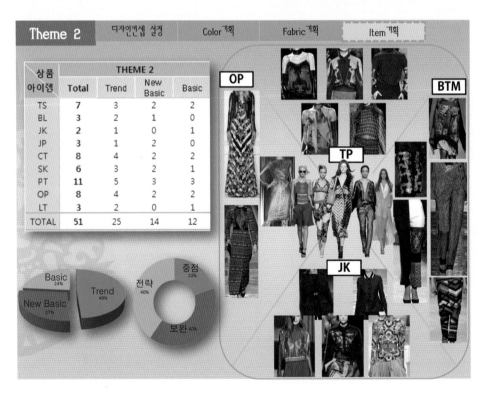

아이템 기획
맵 2

Theme 1

디자인컨셉 설정　　　Color 기획　　　Fabric 기획　　　Item 기획

상품 아이템	THEME 1			
	Total	Trend	New Basic	Basic
TS	7	1	2	4
BL	6	1	2	3
JK	5	0	2	3
JP	4	1	2	1
CT	7	2	3	2
SK	5	1	2	2
PT	7	2	1	4
OP	5	2	1	2
LT	4	1	1	2
TOTAL	50	11	16	23

Basic 46%　Trend 22%　New Basic 32%

전략 40%　중점 25%　보완 35%

OP　BTM　TP　JK

Theme 2

디자인컨셉 설정　　　Color 기획　　　Fabric 기획　　　Item 기획

상품 아이템	THEME 2			
	Total	Trend	New Basic	Basic
TS	7	3	2	2
BL	3	2	1	0
JK	2	1	0	1
JP	3	1	2	0
CT	8	4	2	2
SK	6	3	2	1
PT	11	5	3	3
OP	8	4	2	2
LT	3	2	0	1
TOTAL	51	25	14	12

Basic 24%　Trend 49%　New Basic 27%

전략 40%　중점 20%　보완 40%

OP　BTM　TP　JK

CHAPTER 09
디자이닝

DESIGNING

┃ 디자이닝

디자인이 만들어지는 작업을 의미하는 단어로 디자이너의 영감을 패션을 위한 스케치로 구체화 및 차별화하는 과정이다.

1. 디자인의 발상과 전개

발상이란 생각을 펼쳐내는 것으로, 패션 디자이너에게 발상은 다양한 감성과 영감을 구체적인 디자인으로 표현하는 디자이닝 과정의 첫 단계를 의미한다.

디자이너의 발상은 브레인스토밍과 같은 디자이너의 창의적 연상을 통해 시작된다. 이때 자신의 상상력만으로 디자인을 시작하기보다는 다양한 분야의 수많은 환경과 정보를 리서치하고, 그중 브랜드의 시즌 컨셉과 패션테마에 적합한 자료를 정리하여 이를 바탕으로 자신의 디자인을 풀어나가야만 소비자에게 외면 받지 않는 패션상품을 만들어낼 수 있다.

디자이너의 발상을 위해 트렌드와 디자인 요소의 응용과 함께 패션산업 내외의 다양한 문화와의 콜라보레이션 아이디어, 그리고 디자이너가 평소 폭넓게 수집해 온 다양한 자료가 응용되기도 하며, 여기에 브랜드와 디자이너의 정체성을 잃지 않는 발상이 더해져 좋은 디자인으로 상품화될 수 있다.

그림 71 디자인 전개과정

1) 트렌드와 디자인 요소

패션디자인은 유행을 담은 디자인을 표현하는 작업이다. 따라서 디자이너의 발상에 있어 시즌 형태, 색채, 소재, 문양, 아이템, 디테일 등의 디자인 요소를 기준으로 제안되는 패션 트렌드 정보는 놓쳐서는 안 될 디자인 포인트이며 발상의 시작이 된다. 이를 통해 브랜드의 시즌 컨셉을 균형, 비례, 통일, 리듬, 강조등 디자인의 원리를 이용하여 영감을 구체화하고 시각적으로 그려내는 과정으로 전개된다.

〈그림 72〉는 2015년 S/S 시즌 컬렉션에서 발췌한 디자인 요소를 응용한 작품의 예시이다.

그림 72 트렌드와 디자인 요소

디자인 요소					
선	Alutuzarra	Balmain	소재	Mary Katrantzou	Balenciaga
형태	Antonio Barardi	Issey Miyake	패턴	Antonio Marras	Thom Browne
색채	Roksanda Ilincic	Balmain	디테일	Comme des Garcons	Anne Sofie Madsen

2) 영역 간의 콜라보레이션

여러 방면의 사회, 문화적 협업이 이루어지고 있는 가운데 패션산업 역시 기존의 이미지에서 벗어나 보다 폭넓은 영역으로 디자인의 범위를 넓히고 브랜드 이미지를 타 영역에까지 확장하기 위해 다른 산업과의 디자인 콜라보레이션을 활발히 진행하고 있다. 따라서 디자이너는 발상의 영역을 다른 산업과 문화로 확대하여 소비자에게 보다 신선한 문화 콜라보레이션을, 자사 브랜드에는 브랜드 이미지를 재조명할 수 있는 기회로 만들어 낼 수 있다.

이러한 변화는 명품 브랜드에서도 활발히 이루어지고 있다. 루이비통(Louis Vuitton)이 유명 박제 및 표본 전문회사 데이롤(Deyrolle)과, 또는 일본화가 다카시 무라카미, 야요이 쿠사마 등과 콜라보레이션을 진행하였으며, SPA 브랜드 H&M은 2004년부터 럭셔리 브랜드나 디자이너와의 콜라보레이션을 매년 진행하고 있다.

그림 73
아익스와 비비안웨스트우드(좌),
루이비통과 야요이 쿠사마(우)
의 콜라보레이션

그림 74
H&M과 디자이너
칼 라거펠트 2004년,
엘린 클링 2011년,
알렉산더 왕 2015의
콜라보레이션

3) 디자이너와 브랜드 아이덴티티

다양한 문화의 공존과 사회, 문화 간의 유연한 연계로 소비자의 욕구와 구매범위가 점차 확대되고 있는 환경에서 디자이너는 관련분야에 대한 전문성과 함께 사회문화적, 기술적 배경과 디자인 환경의 변화를 대중보다 앞서 경험하고 이를 디자인에 반영하는 탄력적인 안목을 갖추어야 한다. 이러한 환경에서 얻은 영감은 디자이너의 감수성, 직관력, 상상력을 통해 창의성으로 표현되는데 이때 디자이너의 아이덴티티가 담긴 차별화된 디자인이 만들어진다.

그림 75 창의성 표현 요인

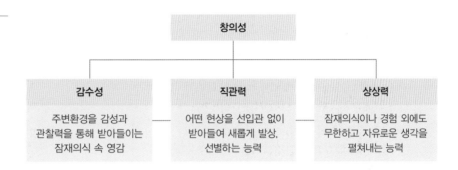

```
                        창의성

      감수성              직관력              상상력
  주변환경을 감성과    어떤 현상을 선입관 없이   잠재의식이나 경험 외에도
  관찰력을 통해 받아들이는  받아들여 새롭게 발상,   무한하고 자유로운 생각을
  잠재의식 속 영감      선별하는 능력         펼쳐내는 능력
```

다음은 디자이너가 주변의 다양한 환경으로부터 영감을 받아 디자인 작품으로 제작한 사례들이다. 패션과 직접적인 연관이 없는 환경들도 디자이너의 창의성을 통해서라면 얼마든지 훌륭한 디자인으로 응용될 수 있다.

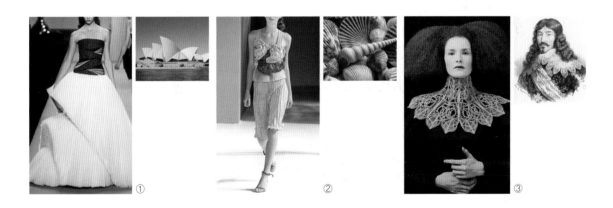

①   ②   ③

그림 76 ① 시드니 오페라하우스의 건축디자인을 응용한 Viktor&rolf의 2010년 S/S 작품
② 자연물 조개껍질에서 영감을 얻은 Sophia Kokosalaki의 2006 S/S 작품
③ 바로크시대 루이 13세의 폴링칼라(falling collar)를 응용한 1998년 F/W Givenchy

2. 디자인 스케치

디자인 스케치는 디자이너가 받은 창의적 연상과 발상을 통해 만들어진 아이디어를 드로잉으로 구체화하는 과정이다.

디자이너가 리서치하고 영감을 받은 것들 중 디자인하고자 하는 방향으로 아이디어의 자료들을 추려낸 후, 디자인 요소별로 사용될 자료와 디자이너의 창의력이 연결되며 스케치가 시작된다. 이를 통해 간단한 아이디어들로 이루어진 드로잉과 함께 자료의 이미지나 샘플을 모아놓고 자료들 간의 조화로운 조합을 통해 보다 발전된 스케치로 만들어간다. 이 과정을 본격적인 디자이닝 과정이라 할 수 있으며, 여러 번의 스케치 단계를 거쳐 각각의 스케치와 자료들이 모여 스케치 자체가 한 개 또는 전체의 디자인으로 완성될 수 있다.

기본적인 디자인이 정리되면 시각적인 디자인 외에 진동의 깊이, 여밈의 종류, 단처리 방법, 시접 봉제 방법, 다트, 부자재의 종류 등 의복이 갖는 기능적인 디자인을 함께 고려하여 전체적인 디자인을 완성한다.

다음은 복종별 디자인 스케치 과정과 사용된 방법의 사례들이다.

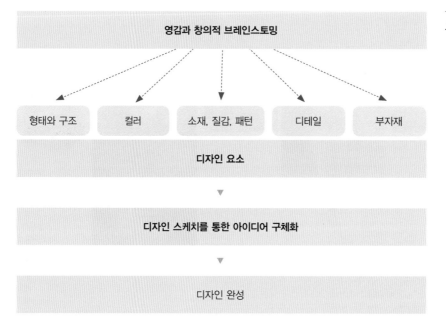

그림 77 디자인 스케치

그림 78 여성용 화이트셔츠의 디자인 스케치 작업

그림 79 남성용 점퍼의 디자인 스케치 작업

그림 80 유니섹스 점퍼의 디자인 스케치 작업

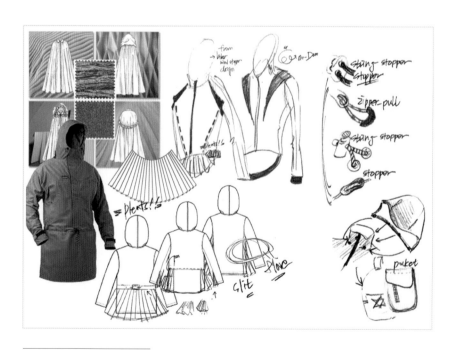

그림 81 아웃도어 아이템 아노락(anorak)의 디자인 스케치 작업

CHAPTER 10
스타일링 기획

STYLING ILLUST MAP

▌ 스타일링 기획

테마별 컬러와 소재에 따른 아이템을 기획한 후 각각의 아이템에 컬러와 소재를 적용한 디자인
으로 전개하고 아이템 간의 전체적인 코디네이션을 통한 스타일링을 만들어가는 과정이다.

스타일링 기획은 디자인 개발 과정의 핵심 단계이며 디자이너가 자신의 역량을
표현할 수 있는 가장 중요한 과정으로, 테마별로 정해진 컬러와 소재를 기획된
아이템에 적용하여 본격적인 디자인으로 전개하는 과정이다. 또한 완성된 디자
인 스케치들을 정리하여 각각의 아이템 간의 코디네이션이 조화롭게 이루어질
수 있도록 테마별로 스타일링 일러스트와 도식화, 소재로 구성된 스타일링맵을
제작한다.

그림 82 스타일링 기획

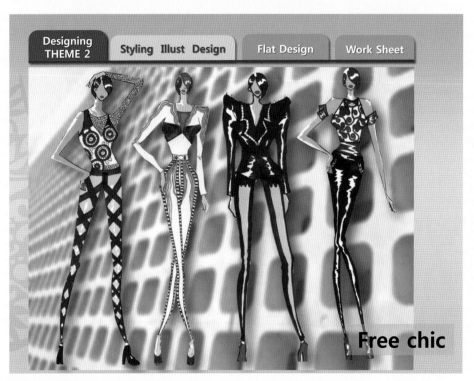

브랜드의 시즌 컨셉과 패션테마에 적합한 자료를 바탕으로 디자인한 스케치를 정리하여, 테마별로 컬러와 소재의 특성을 표현한 스타일링 일러스트맵을 제작한다.

스타일링
기획맵 2

Theme1 · Styling Illust Design · Flat Design · Work Sheet

Practical in city

Theme2 · Styling Illust Design · Flat Design · Work Sheet

rest of city

CHAPTER 11
디자인 도식화

FASHION FLAT SKETCHES

▌ 도식화

디자이너가 디자인의 의도 및 감성과 아이디어를 표현하는 구체적인 그림으로 의복 제작을 위한 프로포션과 디테일이 담긴 설계도인 동시에 의복을 제작하는 업무자와의 커뮤니케이션을 위한 자료이다.

1. 도식화

도식화는 제작될 상품을 평면적으로 그린 그림으로 실용성을 전제로 디자인을 가장 기초적으로 설명하는 작업지시용 펼친 그림을 말한다. 따라서 디자인의 디테일을 설명하는데 가장 이상적이며 멋있는 그림으로서가 아니라 정확한 표현의 세부사항(단추의 크기와 간격, 주머니의 크기와 위치, 앞단 넓이, 스티치 방법 등)을 첨부하여 실무 작업의 과정에서 원하는 디자인대로 의상이 완성될 수 있도록 해 주므로 디자이너에게 신속하고 정확한 도식화의 표현은 꼭 필요한 능력이다.

도식화의 표현에는 CAD나 일러스트 컴퓨터 프로그램을 이용하여 그리는 방법과 수작업으로 제작하는 방법이 있다. 전자는 주로 유니폼이나 남성복, 이너웨어 등을 디자인하는 업체에서 많이 사용되어 왔으며 다른 패션 영역으로까지 더욱 확대되고 있는 추세이다. 도식화를 그리는 기술은 인체 위에 의상을 입혀 놓고 그리는 방법을 시작으로 점차 평면화하여 그리는 기법으로 발전시키며, 정확한 비율의 그림과 표현은 정확한 제작을 보증하므로 생각한 모든 구조의 선을 정확하게 표현하기 위해서는 많은 관찰과 연습이 요구된다.

그림 83 도식화 그리기

아이템	그리는 방법 및 순서
블라우스	[기본선] 어깨너비(a−b)의 가로선x허리길이(a−c) 세로선의 정사각형 그리기 　　　　→ 가로선에 수직의 중심 기준선과 a−c의 2등분선에 가슴둘레선 　　　　→ c에서 1+1/4등분만큼 내린 후 엉덩이 둘레선(f) [칼라] ① 중심선을 위로 연장하여 칼라의 스탠드 높이만큼 표시 　　　 ② 뒷칼라의 폭을 가로로 그리고 앞칼라의 디자인 그리기 [몸판] ③ 어깨선−진동−옆선−밑단의 순서로 그리기 [소매] ④ 소매통−소매단−커프스의 순서로 그리기 [디테일] ⑤ 여밈, 다트, 스티치 등 구성선과 디테일 그리기

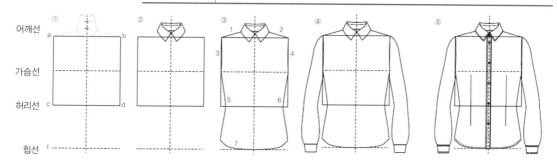

아이템	그리는 방법 및 순서
재킷	[기본선] 어깨너비(a−b)의 가로선x허리길이의 세로선의 정사각형 그리기 　　　　→ 가로선에 수직의 중심 기준선과 a−c의 2등분선에 가슴둘레선 　　　　→ c에서 1+1/4등분만큼 내린 후 엉덩이 둘레선(f) [칼라] ① 정사각형 중심선을 위로 연장하여 목의 모양을 고려하면서 칼라의 　　　　스탠드 높이만큼 표시 　　　 ② 뒷칼라의 폭을 그린 후 앞칼라의 디자인 그리기(그림의 ③→②) [몸판] ③ 어깨선−진동−옆선−밑단−여밈선의 순서로 그리기 [소매] ④ 소매통−소매단의 순서로 그리기 [디테일] ⑤ 여밈, 다트, 단추, 단춧구멍, 스티치 등 구성선과 디테일 그리기

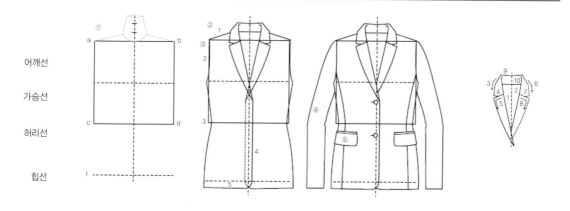

아이템	그리는 방법 및 순서
스커트	[허리선] ① 허리의 폭(a–b)과 힙라인(c–d)의 위치와 폭을 표시, 디자인에 따라 　　　　　허리선의 위치 고려 [옆선]　② a–c, b–d가 좌우대칭이 되도록 자연스러운 곡선으로 힙선 그리기 [밑단]　③ 디자인에 따른 길이만큼 밑단의 길이와 폭 그리기 [디테일] ④ 허리시접, 다트, 절개선, 포켓, 스티치 등의 디테일 그리기

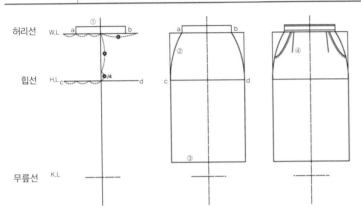

아이템	그리는 방법 및 순서
원피스	[기본선] ① 어깨너비(a–b)의 가로선×허리길이의 세로선의 정사각형 그리기 　　　　　→ 가로선에 수직의 중심 기준선과 a–c의 2등분선에 가슴둘레선 　　　　　→ c에서 1＋1/4등분만큼 내린 후 엉덩이 둘레선(f) [뒷목둘레선] 　　　　　② 중심선의 연장선 위에 뒷목점(e) 표시, 목둘레선과 어깨선 그리기 　　　　　② 뒷칼라의 폭을 가로로 그리고 앞칼라의 디자인 그리기 [무릎선] ③ 허리선~엉덩이둘레선까지(c–f)의 2배만큼 내려온 위치(g)에 무릎선 　　　　　표시, 디자인에 따라 원피스의 길이 고려 [디테일] ④ 디자인에 따라 칼라, 소매 등을 블라우스, 재킷 등의 순서로 그리기 　　　　　몸판, 여밈, 다트, 절개선, 포켓, 스티치, 지퍼 등의 디테일 그리기

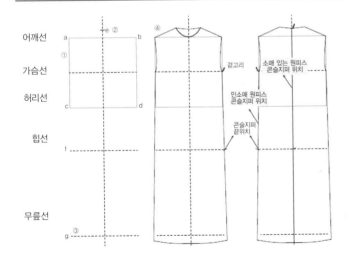

아이템	그리는 방법 및 순서
팬츠	[허리선] ① 허리의 폭(a–b)과 힙라인(c–d)의 위치와 폭을 표시, 디자인에 따라 허리선의 위치 고려 [옆선] ② a–c, b–d까지 자연스러운 옆선을 디자인의 바지길이까지 그리기 [밑위] ③ 허리에서 밑위까지의 앞중심선을 그리고, 밑위선(클러치) 표시 [팬츠폭] ④ 인심(In-seam)선을 그려 팬츠의 너비 그리기 [밑단] ⑤ 디자인의 길이감에 따라 밑단의 위치와 밑단의 너비 그리기 [디테일] ⑥ 허리밴드, 벨트고리, 플라이, 포켓, 스티치, 단추 등의 디테일 그리기 (그림의 ⑦→⑥)

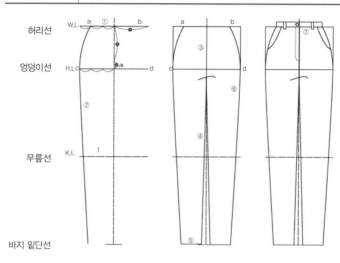

아이템	그리는 방법 및 순서
티셔츠 니트	[기본선] 어깨너비(a–b)의 가로선 x 허리길이의 세로선의 정사각형 그리기 → 가로선에 수직의 중심 기준선과 a–c의 2등분선에 가슴둘레선 → c에서 1+1/4등분만큼 내린 후 엉덩이 둘레선(f) [네크라인] ① 목의 모양을 고려하면서 네크라인의 깊이와 너비를 고려하며 그리기 ② 어깨폭을 고려하며 어깨선을 시작으로 진동–옆선–밑단선의 순으로 그리기 [소매] ③ 소매통–소매단의 순서로 그리기 [디테일] ④ 네크라인과 끝단의 스티치 등 디테일, 트리밍 그리기 [니트] ⑤ 니트의 경우 고무편(리브조직) 표시 그리기

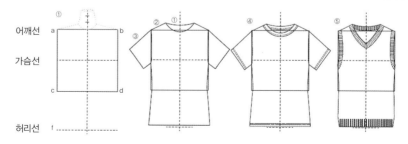

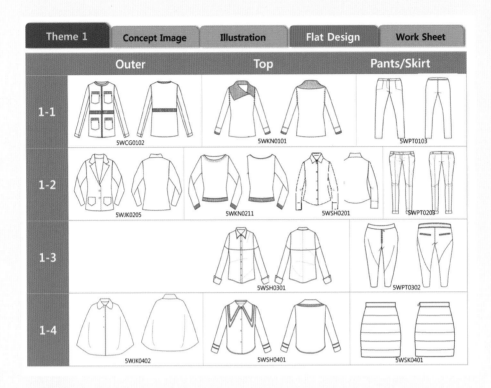

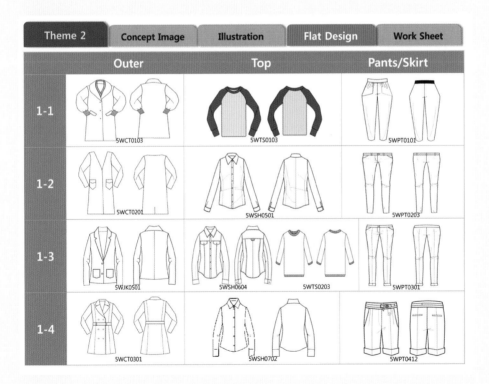

디자인 스케치와 스타일링맵에 표현된 디자인을 바탕으로, 실무 작업에 필요한 디테일 및 세부사항을 정확하게 표현한 도식화를 아이템별 색상 및 소재 스와치와 함께 정리한다.

도식화맵 2

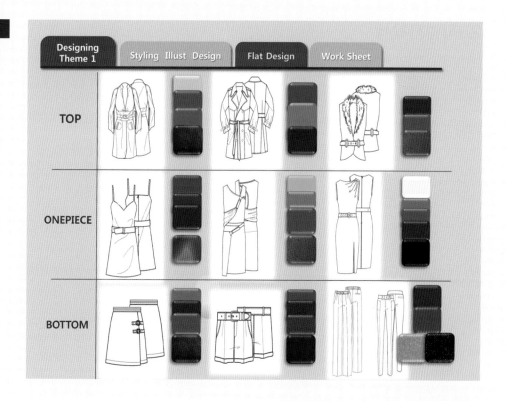

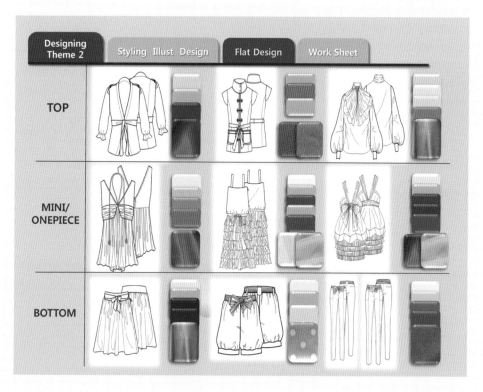

2. 작업지시서

디자인개발 과정 후 디자이너는 제품 생산을 위해 생산 라인에 디자인 생산을 위한 작업지시서를 작성, 전달한다. 작업지시서는 샘플 생산을 위한 견본지시서(또는 샘플 생산지시서)와 대량생산을 위한 작업지시서(또는 메인 생산지시서)로 구분된다. 작업지시서는 업체별로 그 양식이 상이하나 포함되는 내용은 유사하며 일반적으로 디자인의 앞·뒷면 도식화와 함께 사이즈 스펙, 원·부자재 소요명세, 봉제 및 라벨 부착방법 등의 특이사항을 기재하고 원단의 스와치를 제시한다.

▍작업지시서 작성 내용

① 각 항목에 해당하는 내용을 적는다.
② 도식화의 앞·뒷면을 모두 그려 넣으며 주머니나 단추의 위치, 장식상침, 다트 등을 빠짐없이 그려 넣는다.
③ 도식화 위에 추가로 설명이 필요한 내용을 간단히 적는다.
④ 원·부자재의 규격 및 필요량(요척)을 적으며 작업지시서에 명시된 항목 외에 필요한 항목은 아래로 추가하여 정리한다.
⑤ 샘플 생산지시서는 일반적으로 하나의 사이즈로 샘플을 제작하며 메인 작업지시서의 경우, 생산하는 전 사이즈의 스펙을 모두 적는다.
⑥ 원자재에 해당하는 원단의 스와치를 붙여주며, 배색원단이나 그 외 필요한 스와치를 함께 정리한다.
⑦ 작업지시서에 표기된 내용 외에 추가 또는 주의사항을 정리한다.

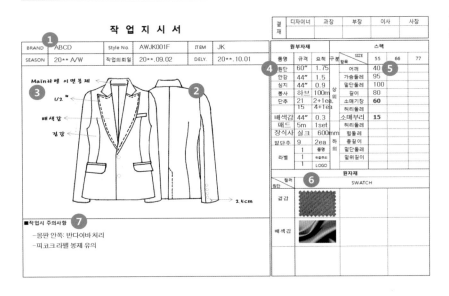

그림 84 작업지시서 작성의 예

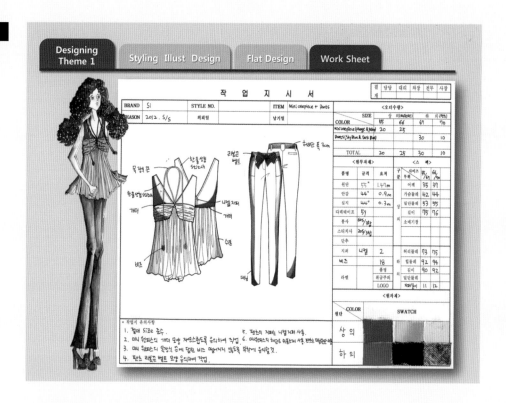

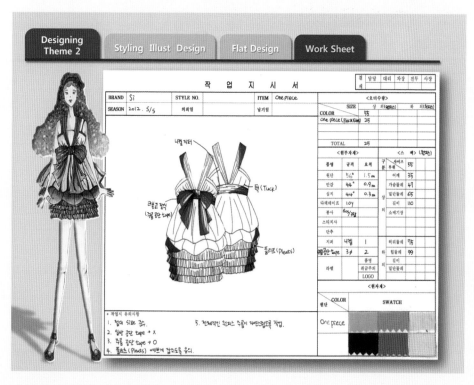

디자인의 스타일링을 보여주는 일러스트와 함께 도식화, 스와치, 작업에 대한 세부사항을 포함하여 작성한 작업지시서의 예이다.

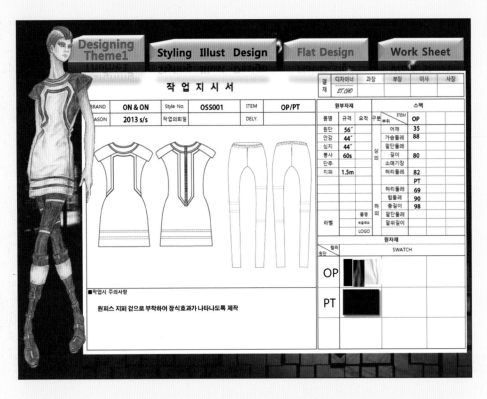

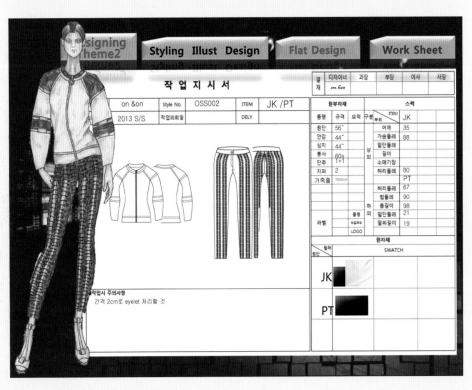

CHAPTER 12
상품 제작
FASHION PRODUCTS MAKING

1. 샘플 제작

패션상품의 기획은 크게 제품 기획과 생산 기획으로 나눌 수 있다. 제품 기획은 디자인을 결정하기 위한 과정이며 생산 기획은 디자인을 합리적인 프로세스와 적합한 비용을 통해 실물제품으로 생산하는 것이다.

생산 기획의 과정 중 샘플 제작과정은 샘플제작을 위한 작업지시서를 기준으로 만들어진 샘플을 모델가봉 등을 통해 제품으로서의 완성도를 확인하는 단계로, 샘플 단계에서 오류를 찾아 수정하여 본 생산에서의 오류로 인한 손실을 예방하는 역할을 하며 이 과정에서 계산된 원·부자재의 양을 측정하여 자재수급이 생산에 앞서 이뤄지므로 대량생산 과정 전에 반드시 진행되어야 하며 생산 전 과정에 있어 가장 중요한 역할을 하게 된다.

그림 85 모델 가봉

1) 샘플 제작 프로세스

빠르게 변화하는 소비자 니즈와 시장환경의 변화에 대응하기 위해 패션기업은 생산주기를 단축하여 더 많은 고객에게 더 빠르게 신상품을 공급하는 방안으로, 기존의 대규모 생산방식보다 짧은 제조주기의 프로세스를 활용하고 있다. 따라서 오류 없이 정확한 샘플 제작 과정은 생산주기를 단축하는 주요방법 중 하나라 할 수 있다.

샘플 생산지시서에 지시된 내용대로 패터니스트는 패턴을 제작하고 봉제는 봉제사에 의하여 진행되나, 원하는 샘플이 완성될 때까지의 전 과정에 대하여 디자이너는 책임을 저야 한다. 그 과정은 다음과 같은 순서로 이루어진다.

---

① 디자이너의 샘플 작업지시서를 생산·개발팀으로 전달한다.
② 샘플지시서에 지시된 내용으로 패터니스트가 샘플용 패턴을 제작한다.
③ 디자이너와 패터니스트가 바디와 피팅모델에 샘플을 가봉한다.
④ 가봉 시 수정사항을 패턴에 적용, 패턴을 수정한다.
⑤ 샘플을 봉제한다.
⑥ 디자이너의 의도가 반영되었는지 완성된 샘플을 확인한다.
⑦ 기획, 영업, 생산, 판매부문의 관련자가 포함된 사내·외 품평회에서 상품성 있는 스타일을 결정한다.
⑧ 대량생산이 결정된 스타일에 대해 대량생산을 위한 준비, 생산 투입이 이루어진다.

그림 86 샘플 제작 프로세스

(1) 디자인 및 샘플 생산지시서 전달

상품기획실에서의 디자인 기획 후 샘플로 제작할 디자인을 선정, 샘플 제작을 위한 샘플 생산지시서를 작성하여 생산처나 개발실에 전달한다. 샘플 생산지시서에는 도식화로 표현한 디자인과 구체적인 제작방법, 필요 소재와 부자재 내역, 봉제나 패턴 제작 시 주의할 사항을 명시하며, 이는 메인 작업지시서와 유사하나 정식 스타일 번호나 수량, 견적가 등의 내용이 포함되지 않는 점이 차이가 있다.

그림 87 샘플 생산지시서
(견본지시서)의 예

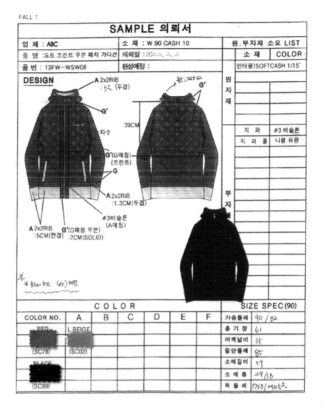

(2) 샘플 패턴 제작

샘플 생산지시서의 도식화와 호칭의 사이즈를 기준으로 패터니스트는 샘플 패턴을 제작한다. 샘플은 일반적으로 하나의 사이즈를 선택하여 제작하며 사이즈가 다른 샘플을 두 개 이상 제작하는 경우 패턴의 그레이딩 작업이 진행된다.

(3) 가봉 및 샘플 패턴의 수정, 봉제

패턴에 따라 광목 또는 본 원단으로 커팅된 원단을 봉제하기 전에 바디 또는 피팅모델의 가봉을 통해 패턴의 수정할 부분을 찾아 수정 후 샘플을 봉제한다.

(4) 샘플 확인

완성된 샘플은 일반적으로 피팅모델이 착용하여 디자인 작업 시의 피팅과 잘 맞는지, 움직임 또는 착용감에 불편함이 없는지, 생산 과정에서 수정을 요하는 과정이 없는지 확인한다. 여기까지의 샘플링 과정을 통해 이상이 없는 제품은 원단 및 부자재, 임가공 등의 샘플 비용이 제품원가로 책정되고 상품의 판매가격이 결정되며 품평을 통해 본 상품 진행 또는 대량생산 여부를 결정하게 된다.

작업지시서 (SAMPLE / MAIN)

20   년   월   일

Style No		가공처		원단처	
Irem명		출고처		원단이름	

	Size
	어깨넓이
	가슴(상동)
	앞품: 뒤품:
	허리둘레
	밑 단 폭
	소매기장
	소 매 통
	총 기 장

원 가 계 산

원 단	
안 감	

수정사항 / 원단스와찌

배 색	
단 추	
부 속	
장 식	
기 타	
임가공비	
시 야 게	
Total	
판매가	

그림 88 샘플지시서 양식의 예

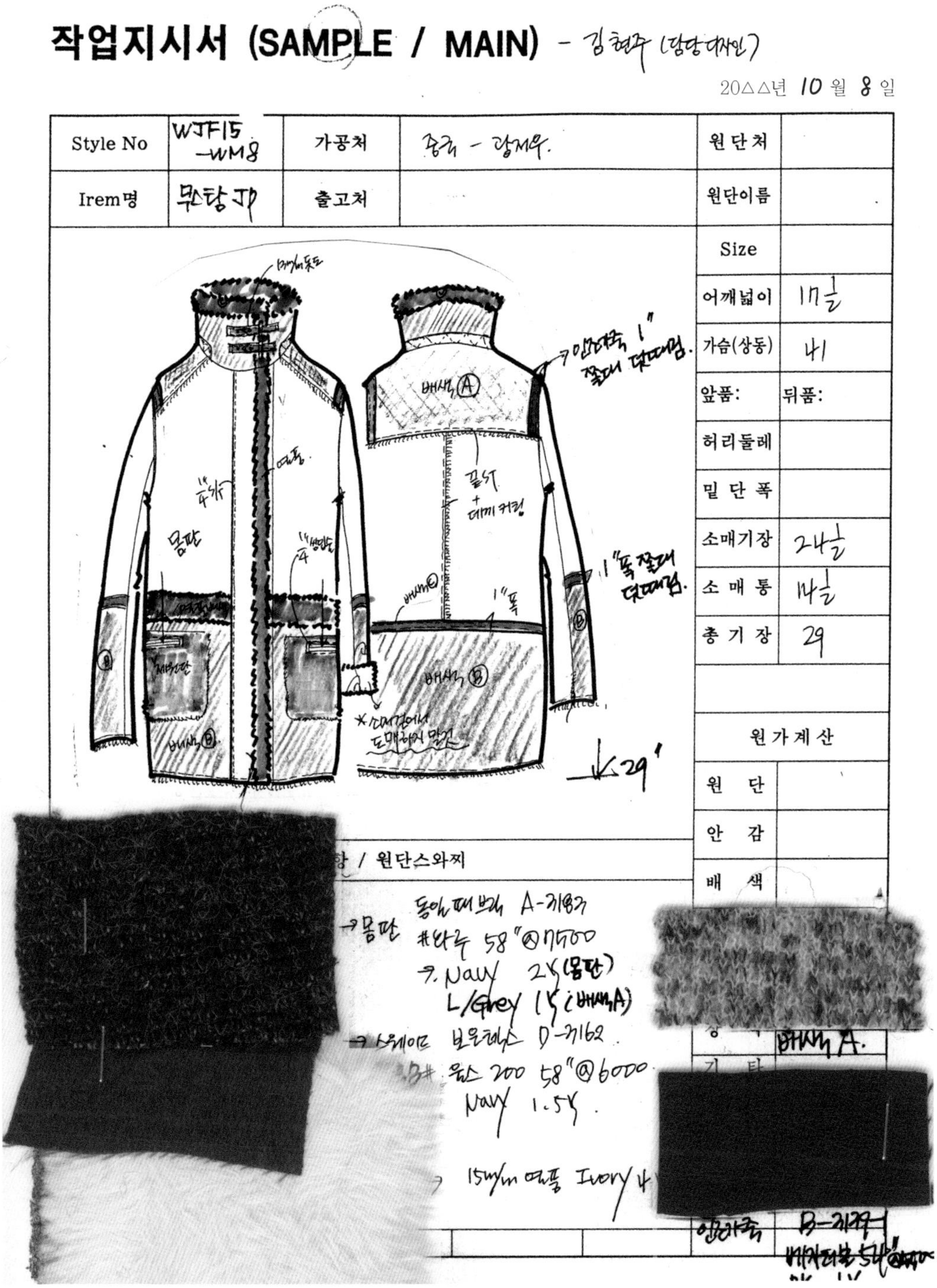

작업지시서 (SAMPLE / MAIN) - 김현주 (담당디자인)

20△△년 10월 8일

Style No	WJF15 -WM8	가공처	종라 - 감저우.	원단처	
Irem명	무스탕JP	출고처		원단이름	
				Size	
				어깨넓이	17½
				가슴(상동)	41
				앞품:	뒤품:
				허리둘레	
				밑단폭	
				소매기장	24½
				소매통	14½
				총기장	29

원가계산	
원단	
안감	
배색	

원단스와찌

→ 몸판 동아떼뜨리 A-3183
   #바늘 58" @7500
   → Navy 2y (몸판)
   L/Grey 1y (배색A)
→ 네오 보위레스 D-3162
   B# 위스 200 58" @6000
   Navy 1.5y.

   15m/m 여플 Ivory 4

그림 89 샘플지시서의 예

179

작 업 지 시 서

BRAND	Style No.	ITEM
SEASON	작업의뢰일	DELY.

■작업시 주의사항

부자재

품명	규격	요척	구분	부위	SIZE	55	66	77
원단								
안감			상의	어깨				
심지				가슴둘레				
봉사				밑단둘레				
단추				길이				
지퍼				소매기장				
				소매통				
라벨				허리둘레				
	동판		하의	허리둘레				
	자수요척			밑단둘레				
	LOGO			중심길이				
				밑단둘레				
				밑위길이				

원자재
SWATCH

그림 90 작업지시서 양식의 예

2. 가격 결정

가격은 기업에게는 판매수익에 영향을 주며 고객에게는 구입 결정에 가장 직접적인 영향을 주는 요소이기도 하다. 따라서 상품의 가격은 기업의 수익을 보장하면서도 소비자에게 거부감 없는 합리적인 수준으로 책정되어야 하며 이 두 가지가 만족되었을 때 상품의 판매가 용이하게 된다.

패션기업의 머천다이저 및 디자이너는 제작된 샘플의 1차 제품원가를 계산하여 대량생산이 가능한 원가로 제작되는지를 확인하고 원가를 낮추는 작업을 하며 이 과정을 통해 정해진 원가는 판매가격 산출의 중심이 된다.

1) 판매가격의 산출

패션기업의 판매가격 산출 방법 중 원가를 중심으로 수치적으로 계산하는 방법을 원가플러스법 또는 원가가산법이라 하며, 총생산량에 대비하여 정상판매율(60%), 할인판매율(25%: 정상판매가의 60~70%), 기타 판매(15%: 직접원가×10~20%)인 경우 직접원가의 2.5~4.5배수로 책정한다. 또한 패션상품은 동일한 원·부자재를 사용한 제품이라도 제조사 또는 판매기업의 이미지에 따라 가격이 달리 책정될 수 있는 부가가치가 높은 상품이다. 따라서 패션상품의 가격은 기본적인 항목인 총비용 + 대체품 가격 + 프로모션 정책 + 상품의 오리지널리티와 함께 판매기업의 이미지와 경쟁 브랜드의 가격, 고객층 등을 고려하여 결정된다.

▌ 판매가격 산출 예시

판매가격
= 총비용(A)+{대체품 가격+프로모션 정책+상품의 오리지널리티와 함께 판매기업의 이미지}(B)

- 중저가 브랜드의 판매가격 = 제조원가 × 2.3~2.8 × 부가가치세
- 내셔널 브랜드의 판매가격 = 제조원가 × 2.8~4.0 × 부가가치세
- 디자이너 브랜드의 판매가격 = 제조원가 × 4.0~6.0 × 부가가치세

자료: 이호정·정송향, 2010: 324 수정

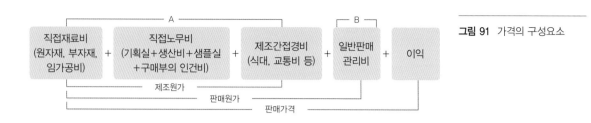

그림 91 가격의 구성요소

2) 가격 변경

기업은 한번 설정한 제품 가격을 계속 고수하지 않고 경쟁사의 가격 전략과 제품 차별화 전략, 시장 상황, 제품의 특성 등의 영향에 따라 정책적으로 변경하기도 한다. 가격 변경에는 가격의 인상과 인하가 있으며 이때 기업은 가격 변경에 대한 구매자의 반응, 경쟁사의 반응, 기업이익에 대한 대응 등을 고려하여 실행하게 된다.

▌ 판매 가격의 변경 요인

- 경쟁사의 가격 변경과 제품 차별화에 대응하기 위한 가격 변경
- 판매촉진 및 시즌적 가격 인하
- 균일가 및 묶음가 정책
- 생산, 기획, 판매상의 오류
- 시착 및 진열상품 특매
- 최초 가격 책정 오류 등

아이템	가격대		
	경쟁사 A	자사	경쟁사 B
JK	198,000~398,000	235,000~428,000	255,000~528,000
JP	199,000~259,000	199,000~289,000	199,000~389,000
CT	359,000~588,000	319,000~618,000	319,000~658,000
TS	78,000~178,000	98,000~198,000	128,000~228,000
SH/BL	108,000~218,000	128,000~228,000	158,000~298,000
VT	118,000~135,000	158,000~175,000	198,000~275,000
PT	158,000~258,000	178,000~278,000	218,000~378,000
SK	128,000~258,000	168,000~258,000	218,000~358,000
JEAN	178,000~298,000	198,000~318,000	278,000~398,000
LEATHER/TOP	298,000~399,000	328,000~499,000	398,000~499,000
LEATHER/BOTTOM	158,000~298,000	198,000~318,000	258,000~398,000
KNIT TOP	128,000~208,000	138,000~218,000	198,000~298,000

표 40 아이템별 가격대 예시

원가계산서

업 체 :	
일 자 :	
STYLE NO :	
작업 지시 수량 :	
가공형태/업체명 :	

자재구분	품 명	규 격	단 위	요 척	단 가	금 액
원 자 재			YDS		₩	₩	–
			YDS		₩	₩	–
원 자 재 계						₩	–
배 색			YDS		₩	₩	–
			YDS		₩	₩	–
			YDS		₩	₩	–
			YDS		₩	₩	–
			YDS		₩	₩	–
배 색 계						₩	–
부 자 재			YDS		₩	₩	–
	안 감		YDS		₩	₩	–
			YDS		₩	₩	–
	90:10		G		₩	₩	–
	다운백		YDS		₩	₩	–
	1온스		YDS		₩	₩	–
	봉 사		M		₩	₩	–
			M		₩	₩	–
	스토퍼		EA		₩	₩	–
			EA		₩	₩	–
	지 퍼		EA		₩	₩	–
			EA		₩	₩	–
			EA		₩	₩	–
			EA		₩	₩	–
			EA		₩	₩	–
	특수부자재		EA		₩	₩	–
부 자 재 계						₩	–
판매가 산출	원부자재합계					₩	–
	임가공료					₩	
	통관비 13%					₩	–
	마진 15%					₩	–
전 체 합 계 (vat -)						₩	-

그림 92 원가계산서 양식의 예

원가계산서

업 체 :	S브랜드
일 자 :	
STYLE NO :	WJF15-WM8
작업 지시 수량 :	
가공형태/업체명 :	○○ FNC

결 제 조 건 :	L/C								
자 재 구 분	품 명	규 격	단 위	요 척		단 가		금 액	
원 자 재	몸판(니트조직)	55"	YDS	1.1		₩	6,000	₩	6,600
	열풍(합포원단)	55"	YDS	2.1		₩	7,500		15,750
		원 자 재 계						₩	22,350
배 색	밑단(스웨이드)	55"	YDS	0.8		₩	5,000	₩	4,000
	어깨(니트조직)	55"	YDS	0.2		₩	6,000	₩	1,200
	인조가죽	52"	YDS	0.2		₩	4,500	₩	900
	합포비		YDS	2.1		₩	2,000	₩	4,200
		배 색 계						₩	10,300
부 자 재	안 감		YDS			₩		₩	–
			YDS			₩		₩	–
			YDS			₩		₩	–
	90:10		G			₩		₩	–
	다운백		YDS			₩		₩	–
	1온스		YDS			₩		₩	
	봉 사	48' S/2H	M	300		₩	1	₩	300
		지누이도	M	300		₩	1	₩	300
	스토퍼		EA			₩		₩	–
			EA			₩		₩	–
	지 퍼	#5호 쇠zip	EA	1		₩	1,600	₩	1,600
	사각링	25mm	EA	2		₩	850	₩	1,700
	돗도	13mm	SET	5		₩	180	₩	900
	아일렛		SET			₩		₩	–
	스트링		YDS			₩		₩	–
			YDS			₩		₩	–
		부 자 재 계						₩	4,800
판매가 산출	원부자재합계							₩	37,450
	임가공료							₩	19,000
	마진10%							₩	5,645
		전 체 합 계 (vat -)						₩	62,095

그림 93 원가계산서의 예

3. 품평 및 수주

샘플 제작 프로세스를 통해 완성된 샘플들은 원가 및 판매 가격이 결정된 후 품평 및 수주회를 통해 상품화 여부를 결정한다. 품평 및 수주회는 패션기업에 따라 컬렉션의 형태에서 프레젠테이션, 전시, 진열 등 다양한 형태로 이루어지며 품평회의 경우 참석자에 따라 사내 품평회와 사외 품평회로 나눠진다.

사내 품평회에는 머천다이저, 디자이너, 마케팅, 영업 및 생산담당자 등이 참석하며 사외 품평회에는 매장의 샵마스터나 소비자 모니터 등이 추가로 참석한다. 품평회를 통해 수주회에 채택된 샘플 중 상품성이 있는 샘플은 본 생산으로 진행되며 대리점 및 바이어의 수주량과 패션기업의 분배 기준에 따른 물량에 의해 생산량이 정해진다.

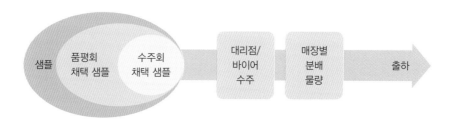

그림 94 품평 및 수주회를 통한 상품 제작

표 41 품평회 자료의 예시

No	품명	상	중상	중	중하	하	직원 의견	매장 의견
1	도트 배색 티셔츠	5	3	5	0	2		
2	로고 티셔츠	9	4	1	4	0	로고 컬러를 다양하게 수정	소재가 얇음
3	베이직 티셔츠	4	8	3	0	3		색상 추가 요망
4	BW 배색 블라우스	13	4	1	0	0	BW 배색이 너무 심플함	
5	히든버튼 셔츠	6	5	4	0	3	히든버튼 작게 축소	
6	체크 셔츠	11	2	3	0	2	주머니	색상 추가 요망
7	기본 목 폴라 니트	9	3	2	1	3		RED 색상 추가 요망
8	가죽패치 스웨터	6	3	5	1	3	가죽패치가 두꺼움	
9	아가일V 스웨터	11	2	1	1	3	가을 색상 추가 요망	
10	아가일 베스트	0	2	1	1	5	색상이 다양했으면 함	색상 추가 요망
11	스티치 베스트	11	1	3	0	3	스티치 약함	색상 추가 요망
12	가죽패치 가디건	13	2	2	1	0	가죽패치가 두꺼움	
13	노버튼 가디건	12	2	2	0	2		허리끈 처리
14	프릴 체크 원피스	12	4	2	0	0	소재가 얇음	소재가 얇음
15	토글 체크 스커트	15	3	0	0	0	토글이 무거움	
16	워싱 청바지	14	2	2	0	0		워싱 종류 추가
17	기본 면 스판팬츠	5	7	4	0	2	색상 추가 요망	
18	기모 카고팬츠	7	6	2	0	3	주머니 위치를 위쪽으로 수정	색상 추가 요망
19	체크팬츠	9	3	3	0	3		소재가 얇음
20	반기모 카고팬츠	10	1	4	0	3	주머니가 너무 큼	
21	배색 트레이닝 세트	12	5	0	0	1	로고 사이즈 작음	짙은 색상 추가 요망
22	우븐 트레이닝 세트	13	2	2	0	1	허리 배색 요망	로고 사이즈 크게
23	P나일론 사파리	9	4	2	0	3	스트레치	색상 추가 요망
24	후드 탈착 점퍼	13	4	0	0	1	후드 탈착을 지퍼로 수정	
25	토글 트렌치코트	14	1	1	0	1	토글이 무거움	색상 추가 요망

CHAPTER 13
생산

PRODUCTION

1. 대량생산

▌ 생산(Production)

생활에 직·간접으로 필요한 물건이나 서비스를 만들어 내는 행위를 말한다. 패션에서의 제품 생산은 기획된 제품을 디자인하고 패턴을 설계한 후 샘플제작, 원·부자재 수급, 시제품 제작을 거쳐 본격적인 생산을 하게 된다.

품평 및 수주회를 통해 생산량이 정해지면 필요한 원자재와 부자재의 발주와 함께 대량생산 과정이 시작된다. 최근에는 직접 생산 공장을 운영하기보다는 국내외 생산업체에 외주를 주는 아웃소싱 생산이 일반화되고 있다.

아웃소싱 생산에는 모기업에서 생산에 필요한 원·부자재를 공급하고 생산업체에서는 봉제작업을 진행하는 전통적 임가공 방식(OEM: Original Equipment Manufacture)과 모기업에서는 주요 원자재만 공급하고 그 외 부자재는 생산업체에서 진행하는 CMT(Cutting, Making, Trimming)생산방식으로 나눌 수 있다. 후자의 경우가 생산기간의 단축과 원가 절감의 효과로 선호되어 오다가 IMF 이후 완제품사입방식(ODM: Original Design Manufacturing)을 통해 재고부담을 덜고 다양한 상품 전개를 진행하는 경향이 증가하고 있다.

그림 95 대량생산 프로세스

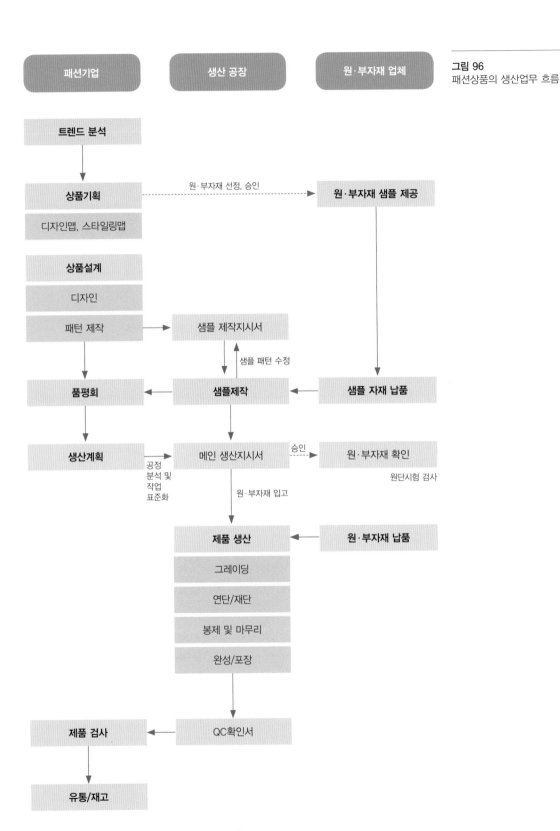

패션기업	생산 공장	원·부자재 업체

그림 96
패션상품의 생산업무 흐름

트렌드 분석

상품기획 ----원·부자재 선정, 승인----> 원·부자재 샘플 제공

디자인맵, 스타일링맵

상품설계

디자인

패턴 제작 → 샘플 제작지시서

샘플 패턴 수정

품평회 ← 샘플제작 ← 샘플 자재 납품

생산계획 → 메인 생산지시서 --승인--> 원·부자재 확인

공정 분석 및 작업 표준화

원·부자재 입고

원단시험 검사

제품 생산 ← 원·부자재 납품

그레이딩

연단/재단

봉제 및 마무리

완성/포장

제품 검사 ← QC확인서

유통/재고

그림 97 대량생산 과정

패턴 그레이딩 작업

연단 작업 1

연단 작업 2

포켓 재단

본봉

벨트고리 봉제

뒤집기

마무리

2. 생산의 기획 및 관리 업무

의사결정 항목	내용
생산의뢰 기획	상품화에 필요한 여러 가지 생산의뢰 내용을 결정하는 것
생산수량 기획	스타일당 생산량을 결정하는 것
생산원가 기획	경쟁력 있는 판매가를 위해 원가 범주 유지
생산납기 기획	원단 투입에서 상품 입하까지의 생산진행 계획
출하·재고 기획	POS 및 소매점 요청상품 출하를 위한 적정 재고 보유 기획

표 42 생산 기획 업무

생산 관리	생산공장 선정	품질, 가격, 납기, 생산량에 적합한 생산공장 및 업체 선정
	원·부자재 입고	납기를 고려하여 생산에 필요한 원·부자재 입고 진행, 체크
	공임 결정	공임과 지불조건 결정
	기술 지도	비용절감을 위한 품질관리, 원가관리, 공정관리 등
생산 기술	패턴 제작	베이직 패턴, 샘플 패턴, 마스터 패턴, 프로덕션 패턴 제작
	가봉 및 봉제	샘플 패턴의 모델가봉을 통한 디자인 체크, 봉제
	마킹	양산 시 로스 절감을 고려한 패턴배치를 통해 제작에 필요한 겉감, 안감, 심지 등의 최소 사용량 산출
	생산지시서 작성	세밀한 부분까지 상세히 기록
	부자재 선정	디자인 및 봉제상 적합한 부자재의 기술적, 성능적, 경제적, 생산 능률적 측면에서 체크
	봉제공장 기술지도	패턴, 생산지시서, 공정에 의한 봉제여부 확인, 검토, 지도
생산 검사	양산용 샘플 검토, 확인	패턴, 생산지시서, 대량생산과 동일한 봉제방법 확인
	양산용 제품 검토, 확인	대량생산 라인에서 색상, 사이즈별 5~10매씩 제작, 검토, 확인
	완제품 검토, 확인	대량생산된 최종 제품이 정해진 검사 기준(사이즈 검사, 외관 검사, 품질 검사)에 적합한지 검토, 확인

표 43 생산 관리 업무

SAMPLE 의뢰서

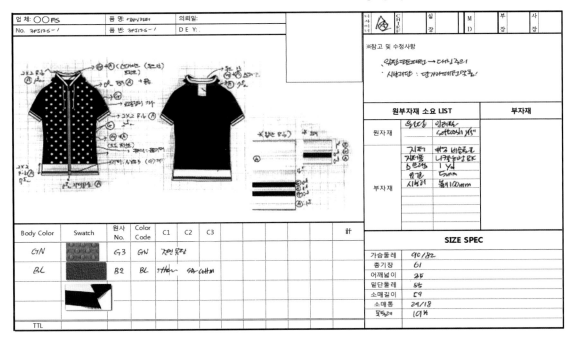

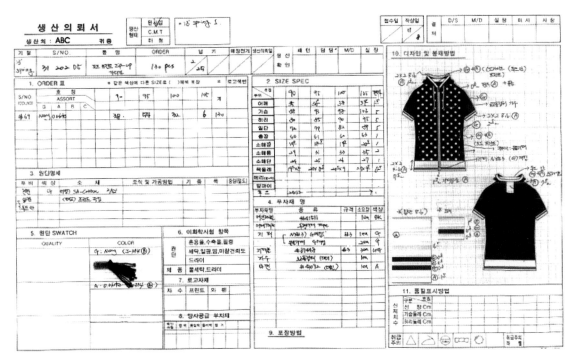

그림 98 샘플 생산지시서와 메인 생산지시서의 예

발 주 서

STYLE NO.		BRAND	
ITEM			
발주 날짜			
입고 날짜			

결재	과장	이 사	대표
담당			

구 분	원단명	COLOR	NO.	요척	수량 55	수량 66	수량 77	발주량 (야드)	단가	TOTAL(vat+)

DESIGN	SWATCH

비고	

OO FnC CO.,LTD.

그림 99 원단발주서 양식의 예

발 주 서

	과 장	이 사	대 표
결재	5/9 홍레간		
	담 당		

STYLE NO.	SR4MU02	BRAND	SOUP
ITEM	무스탕		
발주 날짜	20△△. △. △		
입고 날짜			

구 분	원단명	COLOR	NO.	요척	수량 55	수량 66	수량 77	발주량 (야드)	단가	TOTAL(vat+)
GY	화루	GRAY	1	0.12	420	180		72	7,000	554,400
		NAVY	7	0.62	420	180		372	7,000	2,604,000

상호 : 동일 패브릭 /종합시장 A-1083 / 전화:02-2269-2000   원단명: 화루 58"

＊ 입고전 컨펌용 0.1y 보여주어있것

DESIGN	SWATCH

WJF15-WM3 	GY 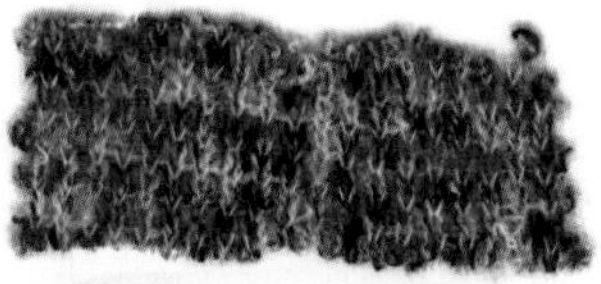
	NY

비고	

OO FnC CO.,LTD.

그림 100 원단발주서의 예

생 산 지 시 서

작성일 : 20   년   월   일

	담당	실장		담당	부서장		D/S	실장	이사	대표
개발실			생산부			결재				
	/	/		/	/		/	/	/	/

STYLE NO.		생산구분	임가공 / C.M.T / 편사입	생산지		공임/사입가		LABEL ZONE	
ITEM		생산처		투입 / 선적일		납기일		판매가	
소재 CODE		소재명		소재입체		소재단가		TAG가	

구분	COLOR	폭	요척	출고량	SIZE				TOTAL	구분	완성치수				
					55	66	77	88/FF			품목	55	66	77	88/FF
1										상의	어깨				
2											상동				
3											허리				
4											밑단				
5											상의장				
											소매기장				
											소매통				
SWATCH	구분	1	2	3	4		5				소매부리				
	원자재									하의	허리				
											힙				
	배색										하의장				
											밑단				
											앞밑위				
											뒷밑위				

DESIGN

부자재 소요량 (PC당)

품명		규격	요척	단가	발주일	입고일
배색1			Y			
배색2			Y			
배색3			Y			
안감			Y			
			Y			
심지			Y			
			Y			
테이프	양촐		Y			
	다데		Y			
	바이어스		Y			
지퍼			EA			
			EA			
봉사	60'S/3		M			
	코아사		M			
	지누이도		M			
패드			EA			
마꾸라지			EA			
단추		mm	EA			
		mm	EA			
		mm	EA			
장식			EA			
			EA			
기타	걸고리		SET			

주름	
메인라벨	대 ● 중 ● 소 ● 삭력 ● 체인라벨
혼용율	
세탁표시	
비 고	

패턴수정	QC투입	QC C/F	수정그레이딩	생산투입	생산입고	소재입고일	기 타
/	/	/	/	/	/	/	/

OO FnC CO.,LTD

그림 101 메인 생산지시서 양식의 예

생 산 지 시 서

작성일: 20△△년 △월 △일

	담당	실장		담당	부서장		D/S	실장	이사	대표
개발실			생산부			결재				
	/	/		/	/		/	/	/	/

STYLE NO.	P5DWMM03A	생산구분	임가공 / C.M.T / 완사입	생산지	중국(광저우)	공임/사입가		LABEL ZONE	
ITEM	SR4HU02	생산처		투입 / 선적일		납 기 일	9/10	판매가	
소재 CODE	동광	소재 명		소재 업체		소재단가		TAG 가	

구분	COLOR	폭	요척	출고량	SIZE ⑤⑤	⑥⑥	77	88/FF	TOTAL	구분	완성치수 품목	55	66	77	88/FF
1	Navy NY	56	0.5		420	180			600	상의	어깨	17 1/2	17 3/4		
2			몸단+옆목								상동	40	42		
3											허리				
4											밑단	40	42		
5							T	600			상의장	70 1/4	70 1/2		
											소매기장	22 1/2	22 3/4	(1매 길이시)	
											소매통	14	14 3/4		
											소매부리	11 3/4	12		
										하의	허리				
											힙				
											하의장				
											밑단				
											앞밑위				
											뒷밑위				

S W A T C H	구 분	1	2	3	4	5
	원자재		〈본사제공〉 ⓐ 회색니트	ⓑ D 트위드	ⓒ 인조가죽	
	배색	〈몸단원단〉				

DESIGN ✱ Main전 1 pcs.

부자재 소요량 (PC당)					
	규격	요척	단가	발주일	입고일
배색ⓐ 회색니트	56"	0.15 Y			
배색ⓑ 트위드	56"	0.05 Y			
배색ⓒ(인조가죽)	56"	0.7 Y			
안감 배색ⓓ(엽목)	56	1.54 Y			
몸단 ⓐ+ⓑ		1/4 Y			
심지	44"	0.05 Y			
테이프 암홀					Y
다데					Y
바이어스					Y
지퍼 완지퍼	5호	1 EA	(직각 open).		
					EA
봉사 60'S/3					M
코아사					M
지누이도					M
패드					EA
마꾸라지					EA
단추 돗도	15mm	2 SET			
	mm				EA
	mm				EA
장식					EA
					EA
걸고리					SET
기타					
주름					
메인라벨	(대) · 중 · 소 · 삼각 · 체인라벨				
혼용율					
세탁표시					
비 고					

패턴수정	QC투입	QC C/F	수정그레이딩	생산투입	기 타
	2차 QC 5차				
	5/6	5/8	/	/	/

OO FnC CO.,LTD

그림 102 메인 생산지시서의 예

그림 103 제품설명서

품 번	32-201-21				
가 격	₩238,000				
출 고	05월 10일				
비 고					
색상	90	95	100	105	계
Navy	10	10	5	4	29

품 번	32-201-22				
가 격	₩238,000				
출 고	05월 03일				
비 고					
색상	90	95	100	105	계
Red	10	10	5	2	27

품 번	32-201-25				
가 격	₩278,000				
출 고	05월 03일				
비 고					
색상	90	95	100	105	계
L/Grey	8	8	5	2	23
Violet	8	8	5	2	23

품 번	32-201-26				
가 격	₩278,000				
출 고	05월 17일				
비 고					
색상	90	95	100	105	계
D/Beige	10	10	5	0	25

품 번	32-201-29				
가 격	₩148,000				
출 고	03월 22일				
비 고					
색상	90	95	100	105	계
D/Orange	6	6	5	5	22
L/Brown	6	6	5	5	22

품 번	32-201-30				
가 격	₩248,000				
출 고	03월 22일				
비 고					
색상	90	95	100	105	계
D/Orange	4	4	3	3	14
L/Brown	4	4	3	3	14

품 번	32-201-33				
가 격	₩178,000				
출 고	04월 19일				
비 고					
색상	90	95	100	105	계
White	4	4	3	0	11

품 번	32-201-34				
가 격	₩258,000				
출 고	04월 12일				
비 고					
색상	90	95	100	105	계
Pink	6	6	5	5	22
Yellow	6	6	5	5	22

품 번	32-201-23				
가 격	₩258,000				
출 고	05월 03일				
비 고					
색상	90	95	100	105	계
Pink	8	8	5	2	23
R/Blue	8	8	5	2	23

품 번	32-201-24				
가 격	₩258,000				
출 고	05월 03일				
비 고					
색상	90	95	100	105	계
Grey	8	8	5	2	23

품 번	32-201-27				
가 격	₩198,000				
출 고	05월 17일				
비 고					
색상	90	95	100	105	계
Grey	10	10	5	2	27
Brown	10	10	5	2	27

품 번	32-201-28				
가 격	₩198,000				
출 고	04월 05일				
비 고					
색상	90	95	100	105	계
White	6	6	5	5	22
Navy	6	6	5	5	22

품 번	32-201-31				
가 격	₩318,000				
출 고	03월 22일				
비 고					
색상	90	95	100	105	계
Navy	8	8	5	2	23

품 번	32-201-32				
가 격	₩318,000				
출 고	03월 22일				
비 고					
색상	90	95	100	105	계
White	10	10	5	0	25

품 번	32-201-35				
가 격	₩258,000				
출 고	04월 19일				
비 고					
색상	90	95	100	105	계
Orange	8	8	5	2	23
L/Green	8	8	5	2	23

품 번	32-201-36				
가 격	₩278,000				
출 고	04월 05일				
비 고					
색상	90	95	100	105	계
Mint	6	6	5	5	22
Navy	6	6	5	5	22

CHAPTER 14
VMD 기획

VWD PLANNING

1. VMD(Visual Merchandising)

▌ VMD

VMD는 Visual Merchandising의 약자로 시각적인 상품기획을 의미하며, 소비자로 하여금 매장으로 들어오도록 유도하는 VP, 상품 특성에 맞게 진열한 PP, 컬러나 사이즈 등의 구색을 정리한 IP, 고객 서비스 등의 S로 구성된다.

VMD는 브랜드가 지향하는 컨셉을 시각적으로 구체화하는 기획 과정으로, 상품이 만들어지고 판매되기까지 유지되어 온 컨셉을 최종적으로 고객에게 표현하는 작업이다. 이를 통해 매장 밖 쇼윈도우에서부터 브랜드 이미지에 대해 매력을 느낀 소비자가 매장 안으로 들어오도록 유도하고 매장 또는 진열 공간에서는 소비자가 상품을 구매하는 행동으로 이어지도록 만들기 위하여, VMD 기획자는 브랜드의 고유의 아이덴티티와 함께 시즌별 브랜드 컨셉과 감성을 비주얼적인 요소로 채워 한눈에 브랜드 가치를 판단할 수 있는 표현을 구현해내야 한다.

또한 상품을 돋보이게 만드는 매장환경 외에도 소비자가 입점 후 이동하면서 상품을 확인하고 착용, 구매하기까지의 편리한 동선을 제공하고 고객대응, 판매촉진 등의 서비스도 함께 제공할 수 있도록 총체적인 과정을 디자인하는 과정으로 광고효과의 심리적 단계인 주의 환기(Attention), 흥미유발(Interest), 욕망자극(Desire), 기억(Memory), 구매행동(Action)의 AIDMA 단계를 고려한 전개가 각 요소별로 연출되면 더욱 효과적이다.

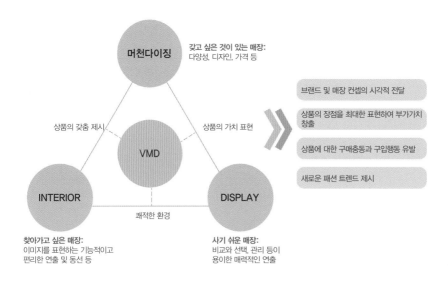

2. VMD의 영역별 역할과 표현요소

VMD의 역할을 극대화하기 위한 패션브랜드 매장 VMD의 영역별 표현요소는 VP, IP, PP, S로 나누어지며, 각 요소가 유기적으로 연결되었을 가장 효과적인 매장 연출이 이루어진다.

영역	VP	PP	IP	S
역할	이미지 전달	정보 전달	체험 전달	서비스 전달
표현요소	쇼윈도, 사인	조명, POP	집기, 소도구	미디어(체험)

표 44 패션브랜드 매장에 적용된 영상미디어 중심 VMD 특성에 관한 연구

그림 105 VMD의 영역별 역할과 표현요소
자료: Copyright ⓒ 머니S

1) VP Visual Presentation

매장 전체의 컨셉과 이미지를 시각적으로 전개하는 가장 중심적 역할을 하는
부분으로 쇼윈도우, 메인 스테이지, 사인 등이 해당한다. VP존은 고객의 시선이
가장 처음 닿는 곳으로, 호기심과 매력을 느낀 소비자가 매장 안으로 들어올
수 있도록 브랜드의 강한 메시지를 전달해야 한다.

그림 106 VP의 예

2) PP Point of purchase Presentation

상품의 판매포인트를 보여주는 곳으로, 매장에 들어선 고객이 이동하는 동선의
중심 공간에 주력상품이나 기획상품을 강조하기 위해 상품의 시각적 가치를 연
출하는 공간으로 아이템별 코디상품, 아일랜드 집기, 조명 또는 POP가 함께 사
용되기도 한다.

그림 107 PP의 예

3) IP Item Presentation

상품의 컬러, 사이즈별 분류와 정리를 통해 상품의 구색을 한눈에 보여주는 진
열공간이자 실제 판매가 이루어지는 공간으로, 고객의 손이 닿기 편리한 위치
에 행거나 선반 등의 집기를 이용하여 상품을 진열하는 영역이다.

그림 108 IP의 예

4) S Services

고객이 직접적인 서비스를 제공 받으면서 브랜드에 대한 이미지를 최종적으로
전달받는 요소로 샵마스터와의 커뮤니케이션, 애프터 서비스, 체험 서비스 등
을 통해 재방문과 단골고객으로 발전하는 접점이 되는 영역이다.

그림 109 무신사 매장 내
라이브피팅룸과 APP 콘서트
자료: 한겨레·무신사스토어, 2021

3. 스토어 아이덴티티 Store Identity

SI는 Store Identity 또는 Store Image를 의미하며 브랜드의 아이덴티티를 매장의 아이덴티티로 표현하기 위해 매장 환경에 적합한 요소를 찾아 일관된 이미지로 구축하여 브랜드의 이미지와 상품의 가치를 높여 궁극적으로는 판매를 촉진시기기 위한 종합적인 비주얼 커뮤니케이션 작업이다.

또한 시각적인 예술성뿐만 아니라 매장 내 설치물을 경험하게 하는 등 쇼핑공간과 전시공간이라는 복합컨셉을 연출, 스토어만의 아이덴티티를 표현하는 동시에 문화적인 캠페인을 전개하는 브랜드의 이미지를 전달하며 고객의 공감대 형성을 시도하는 매장도 있다. 이렇듯 다양화된 유통경쟁에 있어 직접 물건을 만져보고 문화를 체험하는 등 구매하는 과정에서 무점포 유통망과 차별화할 수 있는 중요한 전략이 제공되는 SI의 중요성이 보다 중요해지고 있다.

그림 110 MZ세대의 로열티를 높이는 경험형 공간(젠틀몬스터의 매장 하우스도산)
자료: 브런치, 2021

VMD 기획의
예 1

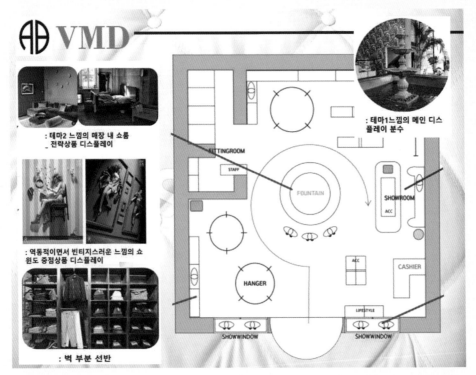

VMD

: 테마1느낌의 메인 디스
플레이 분수

: 테마2 느낌의 매장 내 쇼룸
_ 전략상품 디스플레이

: 역동적이면서 빈티지스러운 느낌의 쇼
윈도 중점상품 디스플레이

: 벽 부분 선반

VMD

Pop-Up STORE

❖ 사이즈의 다양성을 추구하는 브랜드 컨셉에 맞춰 다양한 사람이 모이는 대중교통 컨셉의 팝업스토어
❖ "시크릿 랜덤 쿠폰" & "시크릿 랜덤 박스" 이벤트에 맞춘 기프트 박스 컨셉의 팝업 스토어

VMD로 연출하고자 하는 컨셉을 시각자료와 함께 제시하며, 매장 내부를 구성하는 도면과 함께 간단한 부연설
명을 제시하는 VMD 기획 페이지의 예

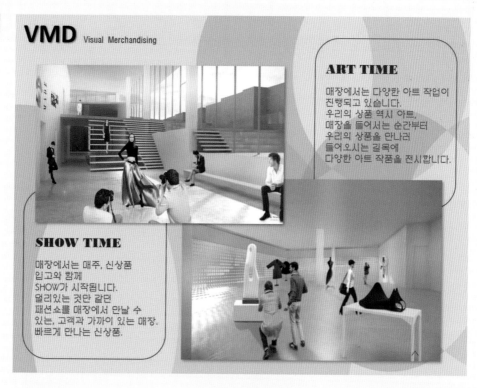

VMD Visual Merchandising

ART TIME

매장에서는 다양한 아트 작업이
진행되고 있습니다.
우리의 상품 역시 아트,
매장을 들어서는 순간부터
우리의 상품을 만나러
들어오시는 길목에
다양한 아트 작품을 전시합니다.

SHOW TIME

매장에서는 매주, 신상품
입고와 함께
SHOW가 시작됩니다.
멀리있는 것만 같던
패션쇼를 매장에서 만날 수
있는, 고객과 가까이 있는 매장.
빠르게 만나는 신상품.

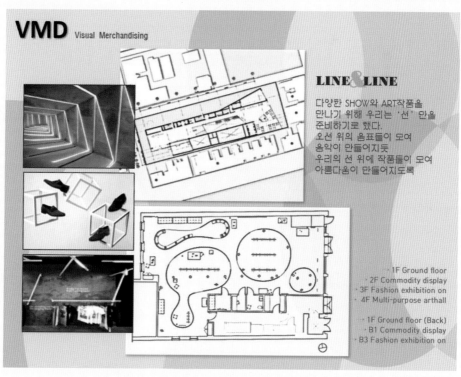

VMD Visual Merchandising

LINE&LINE

다양한 SHOW와 ART작품을
만나기 위해 우리는 '선' 만을
준비하기로 했다.
오선 위의 음표들이 모여
음악이 만들어지듯
우리의 선 위에 작품들이 모여
아름다움이 만들어지도록

· 1F Ground floor
· 2F Commodity display
· 3F Fashion exhibition on
· 4F Multi-purpose arthall

· 1F Ground floor (Back)
· B1 Commodity display
· B3 Fashion exhibition on

PART 3

패션상품 디자인과 포트폴리오

CHAPTER 01
패션 포트폴리오

FASHION PORTFOLIO

1. 패션 포트폴리오란 무엇인가

패션 포트폴 의 정의

패션분야에 종사하는 디자이너나 관련 업무자의 작품 및 업무 성과를 일목요연하게 정리한 작품집으로 이를 통해 자신의 디자인 세계와 창의성, 업무능력을 보여주는 또 다른 자신을 표현하는 도구라 할 수 있다.

포트폴리오(Portfolio)는 이탈리어어인 'Portare(나르다)'와 'Foglio(종이)'를 어원으로 하며, 사전적으로는 서류가방 또는 작품집을 일컫는다. 패션분야에서 포트폴리오는 주로 디자이너의 작품이나 업무 성과를 모아 정리한 것을 가리킨다. 패션디자이너에게 패션 포트폴리오는 자신의 디자인을 시각적으로 정리함과 동시에 이를 통해 디자이너의 취향, 자질, 노력 및 성과 등의 자기표현 능력을 체계적으로 정리해 놓은 이력서이자 명함이다.

포트폴리오를 제작하는 작업 역시 또 하나의 디자인 과정이므로 디자이너는 보는 이가 짧은 시간에 나의 장점과 능력을 파악할 수 있는 요소와 시각적 디자인 요소를 반드시 포함해야 한다. 이를 위해서 포트폴리오의 제작 목표에 따라 적합한 컨셉과 구성을 통한 제작으로 자신만의 독특한 개성과 재능을 집약해 보여줌으로써 자신의 스타일과 작품 컨셉을 보는 사람에게 전달할 수 있어야 한다. 또한 내용의 구성에만 편중되어 지루하지 않고 우수한 아이디어와 작품이 돋보이도록 컨텐츠를 적절히 배치하여 강한 인상을 주는 포트폴리오를 제작하는 것이 좋다.

2. 패션 포트폴리오의 종류

항목	패션 분류	내용
by 목적	퍼스널 포트폴리오	개인적인 필요를 위해 관련 자료를 모아 정리
	취업 포트폴리오	교육 과정 이수 후 또는 취업을 위해 제작
	진학 및 유학 포트폴리오	국내 대학 편·입학, 대학원 및 해외 패션스쿨에 지원용
	비즈니스 포트폴리오	프리랜서나 회사의 홍보, 비즈니스용 제작
by 구성	프로젝트 포트폴리오	프로젝트를 수행한 프로세스를 중심으로 정리
	컬렉션 포트폴리오	다양하게 진행한 작품을 중심으로 정리
by 내용	패션디자인 개발 포트폴리오	디자이너의 디자인 업무를 중심으로 정리
	패션 마케팅 포트폴리오	머천다이징이나 마케팅 업무를 중심으로 정리
	패션 전문 분야 포트폴리오	패션 전문 분야의 다양한 업무를 중심으로 정리

1) 목적에 따른 분류

(1) 퍼스널 패션 포트폴리오

퍼스널 패션 포트폴리오(Personal Fashion Portfolio)는 디자이너가 개인적인 필요를 위해 관련 자료를 모아 정리하는 일종의 자료집으로, 제작의 목적이 디자이너 자신의 관심 또는 필요이기 때문에 특정한 형식에 구애받지 않고 자신이 정리하기 쉽고 필요에 따라 찾아보기 쉬운 방법으로 정리하는 것이 좋다. 퍼스널 패션 포트폴리오에는 디자이너가 수집한 자료 외에도 자신의 작업 과정 중의 기록이나 스케치, 메모 등이 포함되기도 하며 이를 다음 업무나 작품의 자료로 활용하게 된다.

그림 111
디자이너의 퍼스널 패션
포트폴리오

(2) 취업 포트폴리오

취업 포트폴리오는 교육 과정을 마친 후 취업 또는 재취업을 목적으로 제작하는 포트폴리오이다. 전자의 경우 교육 과정 중 상품기획 전반에 걸친 작업 내용을 담는 프로세스 중심의 포트폴리오와 다양한 과정에서 가장 우수했던 작품을 담는 작품 중심의 포트폴리오를 말하며, 후자의 경우 이전의 업무에서 가장 성취도 높게 진행했던 작업의 과정과 결과를 함께 포함하는 것이 일반적이다.

취업 포트폴리오는 특별히 정해진 기준의 제한이 없는 편이나 포트폴리오의 내용 구성에 있어 자신의 능력 및 자질과 함께 교육기간 동안 학생으로서의 성실함과 직업에 대한 열정을 보여줄 수 있는 부분이 고려되어 타 면접자와의 차별화를 두는 것이 좋다.

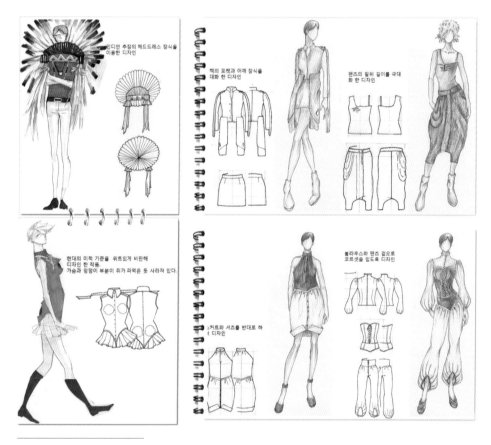

그림 112 취업 포트폴리오

(3) 진학 및 유학 포트폴리오

국내 대학 편·입학이나 대학원 및 해외 패션스쿨에 지원하기 위해 제작하는 포트폴리오이다. 국내 대학이나 패션 관련 대학원의 경우 면접 단계에서 포트폴리오를 지참하여 자신의 자질을 표현하는 용도로 사용되며 학교별로 포트폴리오의 지참 여부를 필수 요건으로 하지 않기도 한다.

해외 패션스쿨의 경우 포트폴리오의 형식이 정해져 있거나 지원자의 자유로운 형식을 요구하는 등 형식이 다양하기 때문에 각 학교별로 요구하는 조건을 파악한 후 이에 맞춰 제작해야 한다.

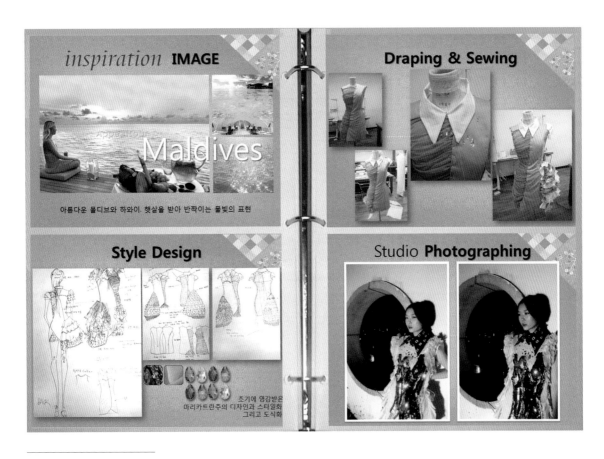

그림 113 진학 및 유학 포트폴리오

(4) 비즈니스 포트폴리오

비즈니스 포트폴리오(business portfolio)는 상업적인 목적을 위해 회사에서 자사의 사업 내용을 중심으로 홍보, 제휴용으로 사용하거나 프리랜서 디자이너가 자신이 진행한 프로젝트를 담아 자신을 홍보하는 것을 목적으로 제작하는 것이다. 회사의 비즈니스 포트폴리오는 다수에게 폭넓게 알리기 위해 브로슈어와 같은 인쇄물로 제작한 포트폴리오나 웹 포트폴리오를 사용하는 것이 일반적이며, 프리랜서 디자이너의 포트폴리오는 넓은 의미에서 취업용 포트폴리오에 포함될 수 있다.

그림 114 비즈니스 포트폴리오
자료(하단 이미지): ⓟⓞ Pixeden, ⓟⓞ United Themes

2) 구성에 따른 분류

(1) 프로젝트 포트폴리오

프로젝트 포트폴리오(Project Portfolio)는 상품기획 과정 등과 같이 작성자가 진행한 프로젝트의 프로세스 전반의 내용을 흐름에 맞춰 정리한 것이다. 기획적인 업무를 강조하는 경우 프로젝트 포트폴리오로 작성하며, 마케팅에 대한 사전 조사를 시작으로 디자인 발상과 전개 과정, 결과물의 내용을 중심으로 정리한다.

그림 115
프로젝트 포트폴리오

(2) 컬렉션 포트폴리오

컬렉션 포트폴리오(Collection Portfolio)는 진행해온 모든 과정의 결과물을 위주로 정리한 일종의 작품집이라 할 수 있다. 이 경우 다양한 작품들을 적절한 주제나 스토리에 맞게 분류하여 체계적으로 정리해야 지루한 구성에서 벗어나 타인의 포트폴리오와 차별화된 개성을 더할 수 있다.

그림 116
컬렉션 포트폴리오

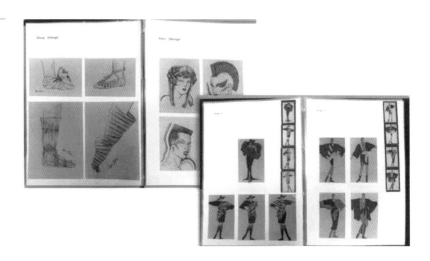

3) 내용에 따른 분류

(1) 패션디자인 개발 포트폴리오

패션디자인 개발 포트폴리오(Fashion Design Portfolio)는 디자이너로서 진행한 작품을 정리한 포트폴리오로 패션 마케팅 포트폴리오가 머천다이징 업무를 중심으로 전개된다면, 패션디자인 개발 포트폴리오는 디자인 업무를 중심으로 전개, 구성한다.

이때, 디자인 결과물에 앞서 브랜드의 컨셉과 이를 통해 도출해 낸 이미지맵을 중심으로 색채 기획, 소재 기획, 스타일 맵, 도식화 등으로 이루어지는 디자인 프로세스로 구성한다. 또한 브랜드 런칭 또는 리뉴얼하는 과정에 필요한 브랜드 네임 및 로고의 시각적 작업을 다룬 브랜딩 과정이 포함되기도 하며 이 모든 과정에서 디자이너의 독창적인 개성과 디자인 능력, 스타일이 최대한 반영될 수 있도록 한다.

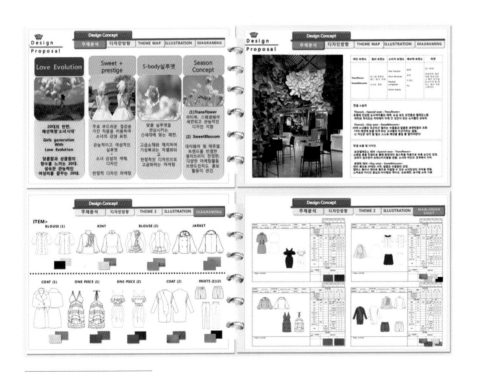

그림 117 패션 마케팅 포트폴리오

(2) 패션 마케팅 포트폴리오

패션 마케팅 포트폴리오(Fashion Marketing Portfolio)는 패션 마케팅의 과정을 정리한 포트폴리오로 마케팅 프로세스, 즉 마케팅 4P's Mix에 해당하는 제품, 가격, 유통, 판매촉진의 내용을 중심으로 구성하거나, 좀 더 좁은 범위의 마케팅 개념으로 판매촉진을 중심으로 하는 마케팅의 내용을 중점적으로 구성하는 것으로 나눌 수 있다.

전자의 경우 상품기획의 과정을 중심으로 적절한 제품의 개발, 적정한 가격 계획, 적절한 공급 계획, 효과적인 판매촉진 계획 등의 프로세스를 종합적으로 기획 정리하며, 후자의 경우 브랜드의 판촉용 마케팅을 중심으로 판매촉진을 위해 진행한 마케팅의 과정과 실적 등을 정리한다.

패션 분야에서의 일반적인 패션 마케팅 포트폴리오는 전자의 내용을 정리하는 것으로, 패션 마케팅의 전 과정을 훌륭히 진행했음을 어필할 수 있도록 구성하되 다른 이들과의 포트폴리오와 차별화할 수 있는 자신만의 아이디어나 장점을 포함해야 한다.

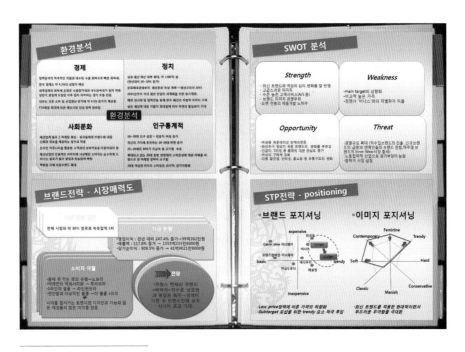

그림 118 패션디자인 개발 포트폴리오

(3) 패션 전문분야 포트폴리오

패션 전문분야 포트폴리오(Fashion Special-part Portfolio)는 패션 디자이너 외에 패션산업에 종사하는 스페셜리스트가 자신의 전문적인 업무를 중심으로 구성한 포트폴리오이다. 따라서 패션 일러스트레이터, 컬러리스트, 코디네이터, 패터너, 캐드 디자이너, 패션 포토그래퍼 등의 스페셜리스트가 각자의 업무 과정 및 결과물을 통해 자신의 능력과 독창성을 강조할 수 있도록 구성하며, 자료의 정리는 시간적인 순서 또는 업무의 종류별로 분류하여 보는 이의 이해를 돕도록 한다.

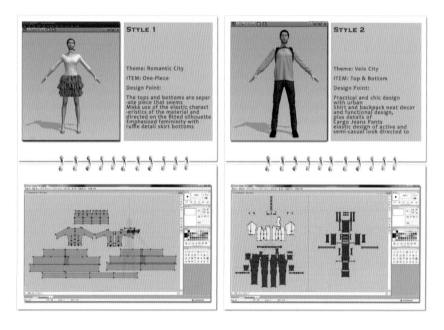

그림 119
패션 전문분야 포트폴리오
(패션CAD)

3. 패션 포트폴리오 제작 방법

포트폴리오는 자신의 장점을 보여주는 중요한 도구이다. 따라서 자신의 작품 중 가장 우수한 작품을 중심으로 구성하되, 자신의 개성과 장점을 표현할 수 있는 포트폴리오의 컨셉을 잡고 제작을 해야 하는 기획이 필요한 작업이다. 따라서 포트폴리오를 제작하는 목적과 전달하고자 하는 점을 명확히 파악한 후 작품 제작자의 입장과 포트폴리오를 보는 이의 관점을 동시에 고려한 기획이 선행되어야 한다.

포트폴리오 제작의 목적 및 타깃: 제출 대상과 목적에 대한 사전 조사 진행
→ 전달하고자 하는 주제: 목적에 부합하는 포트폴리오의 주제 선정
→ 컨셉 및 스타일 설정: 구성 방법의 디자인과 이미지, 색조, 기법, 스타일, 재료 등
→ 차별화 아이디어: 면접관의 기억에 남을만한 독창성과 개성이 돋보이는 내용 구상
→ 구성 자료의 흐름 선정: 구성 자료들의 자연스럽고 일관성 있는 흐름과 분류
→ 제작 및 검토

1) 패션 포트폴리오의 기획

(1) 포트폴리오 제작의 목적 및 타깃

포트폴리오의 제작 목적은 자료수집, 취업이나 진학, 사업의 홍보 등 다양하므로 대상에 따라 필요한 내용이 상이할 수 있으며 목적을 정한 후 대상에 대한 사전 조사가 선행되어야 한다. 취업이나 사업 홍보용 제출의 경우 목표 대상에 대한 리서치를 통한 타깃팅 과정의 결과를 포트폴리오에 포함하기도 한다.

(2) 전달하고자 하는 주제

포트폴리오를 제작하는 입장에서 강조하고자 하는 바와 포트폴리오를 제출받은 면접관의 기억에 남을 부분을 주제로 선정한다.

(3) 컨셉 및 스타일 설정

목적과 주제에 적합한 포트폴리오의 컨셉을 설정하고 컨셉과 어울리는 이미지와 디자인, 색조, 기법, 스타일, 재료 등을 선정하여 컨셉과 조화를 이루면서 일관성 있는 구성을 표현한다.

(4) 차별화된 아이디어

자신의 포트폴리오가 타인의 것과 차별화되는 아이디어를 포함하여 면접관의 기억에 남을만한 독창성과 개성이 돋보이는 내용이 포함되도록 구성한다.

(5) 구성 자료의 흐름 선정

구성 자료가 자연스럽고 통일된 흐름을 유지하도록 분류·정리하며, 자료를 수직 또는 수평 방향으로 일정하게 구성하는 일관성 있는 흐름이 바람직하다.

(6) 제작 및 검토

컨셉에 맞게 20~30페이지 내외의 분량으로 제작하며 텍스트의 경우 손글씨 보다는 인쇄물을 이용하여 정돈된 느낌으로 표현하는 것이 바람직하다. 제작을 마친 후에는 순서에 맞게 정리가 되었는지, 제작 과정에서 훼손된 작품은 없는지, 텍스트의 맞춤법이나 기타 정리할 것을 검토한다.

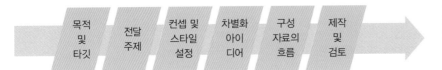

그림 120
패션 포트폴리오의 구성

2) 패션 포트폴리오의 구성

(1) 표지

포트폴리오의 표지는 보는 이로 하여금 포트폴리오와 제시자에 대한 첫인상을 좌우하는 한 장의 페이지이다. 전개될 포트폴리오의 컨셉을 한눈에 볼 수 있도록 일관성 있는 디자인으로 제작하되 제목 및 부제목, 자신의 이름 등의 내용이 포함되도록 제작한다.

그림 121
패션 포트폴리오의 표지(Cover Page)
자료: Google

(2) 목차

목차는 포트폴리오의 구성을 한눈에 보여주는 페이지이다. 한 권의 포트폴리오가 한 채의 건물이라면 각 층을 나누어 크게 분류한 후, 그 다음 작은 분류로 각 층을 구성하는 방들을 소개한다는 생각을 하며 목차를 구성한다.

페이지의 디자인 역시 큰 분류에 해당하는 제목의 폰트를 강조한 후, 이보다 작은 폰트를 하위 분류에 사용하는 방법이 간결하며 작품의 각 페이지마다 페이지 번호를 삽입한 후 제목별 페이지 번호를 함께 소개해도 좋다.

(3) 자기소개 페이지

목차의 앞부분이나 뒷부분에 자신에 대한 간략한 소개를 넣어 면접관이 자신에 대해 차별화된 이미지를 갖고 기억할 수 있는 페이지로 구성한다. 이 페이지는 지원하는 기업의 이력서 양식에 작성하는 방법과 자유 양식의 방법이 있으며, 자유 양식의 경우 프로필 페이지와 자기소개 페이지를 각각 작성하되 포트폴리오의 컨셉에서 크게 벗어나지 않는 일관성을 유지하는 것이 좋다.

그림 122
자기소개 페이지

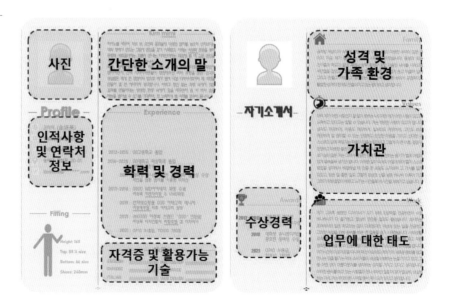

① 프로필(Profile) 페이지

프로필 페이지에서는 면접관이 피면접자의 이력을 한눈에 볼 수 있도록 정리하되, 포트폴리오의 컨셉과 일관성을 유지하면서도 개성 있는 페이지로 구성한다. 인적소개와 연락처 정보/자신에 대해 간단한 소개/학력 및 경력 사항/자격증이나 기술적인 부분 강조 등으로 구분하여 정리하며 이외에도 해당 업무에 있어 본인의 특별한 재능을 표현하는 사진이나 소품 등을 활용하여 자신에 대해 입체적으로 표현하는 페이지로 전개한다.

- 이름, 생년월일, 연락처 등의 인적소개와 연락처 정보
- 자신에 대해 간단한 소개말
- 전공 등의 학력과 이와 관련된 연수과정
- 수상경력이나 관련 업무에 대한 경력 사항
- 자격증이나 어학성적, 활용 가능한 관련 프로그램 등 기술적인 부분 강조

② 자기소개 페이지

자기소개 페이지는 자신에 대한 소개를 문장으로 표현하는 공간이다. 이때는 한 페이지에 긴 문장을 나열하는 방법보다는 이야기하고자 하는 내용을 크게 서너 개의 주제로 분류하여, 각 분류에 해당하는 주제에 대한 내용을 적어나간다. 이를테면 자신의 성격 및 가족, 자라온 환경에 대한 내용, 자신이 어떤 생각이나 가치관을 가지고 있는지에 대한 내용 그리고 직업이나 일에 대한 마음가짐이나 장점 소개를 통한 업무에 대한 자신감 등으로 구성할 수 있다.
내용은 일반적으로 '습니다' 체의 문장으로 작성하며, 솔직하면서도 자신에 대해 면접관이 기억할 만한 내용을 포함하여 진지하게 자신에 대해 돌아보는 시간을 갖으며 내용을 작성한다.

(4) 작품의 형태

작품의 원본을 케이스에 넣을 수 있는 경우를 제외하고 대부분의 작품은 사진 촬영 및 스캔 과정을 거치게 된다. 작품의 촬영은 깨끗한 배경을 바탕으로 작품에 균일하게 빛이나 조명을 비추거나 반사광을 이용하기도 한다. 또한 촬영이나 스캔 작업 시 해상도를 높여야 고화질의 사진을 얻을 수 있으며 경우에 따라 전문 촬영 스튜디오에서 촬영을 하기도 한다.

(5) 리서치 자료

제출하는 대상에 대한 리서치 조사를 별도로 포함하기도 한다. 이 경우 제출자의 성의와 진지함이 강조되는 장점도 있지만 잘못되었거나 성의 없이 진행된 리서치 조사는 면접관에게 좋지 않은 인상을 줄 수 있다는 점에 주의한다.

그림 123
패션 포트폴리오의 기획

그림 124
자유 양식 프로필 페이지의 예시

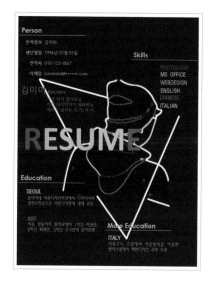
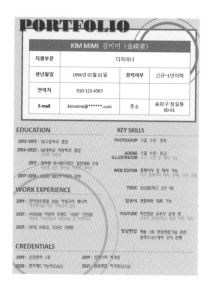
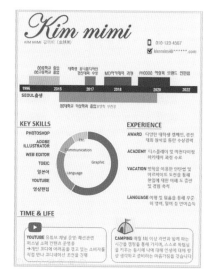

자기소개 페이지
작성 예시
(스토리)

Kim mimi

피아노를 배우며 보게 된 악보에서 하나하나 소리를 만들어내는 기호들도 좋았지만 제겐 오선과 음표들이 그림처럼 머리에 그려졌어요. 악보를 그림처럼 기억하고 그런 그림이 좋아서 손으로 무언가를 그리기를 즐겼어요. 그리고 이제 디자인이라 전공을 통해 좀 더 깊게 생각하면서 만들어내는 작업에 대한 매력을 느끼기 시작했고, 앞으로 일을 배우면서 좀 더 저의 숨은 재능을 끌어낼 수 있기를 기대하며, 또 노력하게 될 미래를 꿈꾸어 봅니다.

Person

😊 김미미

🎁 1996년 01월 01일

📱 010-123-4567

☑ kimmimi@******.com

Journey

| SEOUL |
| SINGAPORE |
| NEWYORK |

High scool ● **NEWYORK**
뉴욕에서 경험한 청소년기의 시간은 다양한 문화를 자랑하는 친구들로부터 그들의 문화특성을 함께 맛보고 그중 어떤맛을 내가 좋아하는지 알게 된 시간.

University ● **SEOUL**
배우고 싶었던 과목들로 꽉꽉 채워진 4년간의 대학생활은 꿈으로 한걸음 더 다가가며 전문적인 마음가짐과 감각을 다듬을 수 있었던 고마운 시간.

Italy ● **ITALY**
그동안 읽었던 책과 그림속에서 나와 많이 닮은 테이스트를 가지고 있는 이탈리아의 문화를 경험하고 싶어 여름방학을 이용한 썸머스쿨에서 더해진 감도와 이탈리아의 문화를 내안으로 마음껏 담고 싶던 시간

Education

2012 ~ 2015 **고동학교 졸업

2016 ~ 2020 **대학교
의상디자인학과 졸업
경영학 부전공

2017 이탈리아 마랑고니
썸머스쿨 연수

2018 ~ 2019 코오롱 MD아카데미
과정 수료

Skills

ENGLISH		PHOTOSHOP
CHINESE		MS OFFICE
ITALIAN		WEBDESIGN

Kim mimi

Family

공부방 책상이자 식탁이 있던 거실은 어린 시절의 따뜻한 추억이 많은 곳이자, 지금 제가 좋아하는 것들을 시작한 곳이었습니다. 동생과 또는 친구들과 학교가 끝난 후에나 방학 중에나 정말 마음껏 낙서를 시작으로 색연필을 잡았고, 그림을 그리고 글씨를 배우고 그렇게 웃고 떠들며 많이 그리고 만들고 자랑하고 칭찬받는 사랑 가득한 가족 속에서 긍정적이고 활발한 성격이 현재도 만들어지고 있는 중이라고 생각합니다.

Values

아직 제가 어떤 사람인지 잘 알지 못하는 나이지만 제가 어떤 사람이 되고자 노력하고 있다고는 말할 수 있습니다. 저는 깨끗한 사람이 되고자 합니다. 생각도 깨끗하게, 마음도 깨끗하게, 일처리도 깨끗하게, 고민도 화도 깨끗하게 잘 정리할 수 있는 단정하고 단단한 마음을 가지고 산다면 내 스스로의 삶에 책임지는 마음이 만들어 질것이고 그렇게 더 큰 어른, 점점 더 현명하고 따뜻한 좋은 어른이 되고 싶습니다.
호기심이 많은 저는 그래서 궁금한 것에 대해 도전하는 용기가 별로 어렵지 않게 불쑥불쑥 생기곤 합니다. 어려운 일이 닥쳐도 어떻게 해야 할지 스스로 방법을 생각해서 해결해낼 때 만큼 큰 보람도 느껴보며 그 가치를 알게 되었고, 힘든 일 좋은 일도 그렇게 정성껏 산을 넘듯 하나씩 이루어 가고 그러기 위해 끝없이 배우고 느끼는 시간들로 제 시간을 채워가고 싶습니다.

Awards

2012 ~ 2015	고등학교 개근상 고등학교 성적우수상
2018	대학생 유니폼디자인 공모전 장려상 수상
2021	TOEIC 800

Work

제가 그토록 원했던 디자이너가 되기 위해 의상학을 전공하면서 수업 하나하나가 다 즐거웠고 열심히 한만큼 결과도 좋았습니다. 회사라는 조직에서의 일은 학교와는 많이 다르겠지만, 적성에 맞는 일을 전공했고 그러한 직업을 위해 준비를 해온 큰 걸음을 걷기 시작했습니다. 사회생활, 조직안에서 때론 주변에 에너지를 주고 때론 따뜻한 온기를 주고 때론 명확한 내 몫을 할 수 있는 사람이 되어야 한다고 스스로에게 다짐을 합니다. 여가시간에 이곳저곳을 다니며 패션 이외에도 여러가지 새로운 문화를 찾고 만나는 것을 즐기는 덕에 소비자들의 세상을 이해하는 눈을 가지고 있고, 그 중 어떤 것이 아름다운지를 생각하는 감각을 가지고 있다고 생각합니다. 이러한 준비를 하고 있는 사람들과 만나 주어진 일을 더 찾아 열심히, 성실히 하려는 자세, 저는 무엇이든 시작할 준비 역시 되어 있다고 생각합니다.

입사지원서 ___ 프로필

	지원분야	디자이너

Personal Information

성 명	한글	김미미	영문	Kim, mimi	
주민등록번호	960101-0000000		생년월일	1996년 01월 01 일	
	※ 범죄경력 조회에 주민등록번호가 제공됨을 동의합니다.				
현 주 소	서울특별시 송파구 잠실동 00-01				
연락처	휴대폰	010-123-4567	일반	-	
E-mail	kimmimi@******.com				

Education

	학교명/ 수상경력	전 공	졸업년도	소재지	본교 / 분교	주간 / 야간
학력 및 수상경력	000고등학교	인문계	2015	서울	본교	주간
	대학생 유니폼디자인 경진대회	장려상 수상	2017			
	0000MD아카데미과정	MD/VMD	2018	서울		
	00대학교	의상학과	2020	서울	본교	주간
	00대학교	의상학과	2020	서울	본교	주간

Career

	기 간	직 장 명	직위 / 담당업무	퇴직사유	최종연봉
직장경력	2019.01 ~ 2019.03	인터넷쇼핑몰 000	카테고리 매니저	방학중 단기계약	154만/월
	2020.12 ~ 2021.02.	㈜0000	'000' 브랜드 디자이너 겸 피팅모델	방학중 단기계약	180만/월

Skills

	자격증명	취 득 일	자격증 내용	발 행 처
자격증 및 어학성적	OPIC	2021.06.10.	국제공인외국어회화시험	한국ACTFL위원회
	TOEIC	2021.07.20.	TOEIC	ETS
	GTQ	2021.09.01.	그래픽 기술자격(포토샵)	한국어도비시스템즈

	병 역	면제사유	복무기간	전역구분
병역관계	필□ 미필□ 면제□		-	

-1-

입사지원서 <u>자기소개</u>

Family

공부방 책상이자 식탁이 있던 저희 가족의 거실은 어린 시절의 따뜻한 추억이 많은 곳이자, 지금 제가 좋아하는 것들을 시작한 공간이었습니다. 동생과 또는 친구들과, 학교가 끝난 후에나 방학 중에나 정말 마음껏 색연필을 잡고 낙서를 시작했고, 그림을 그리고, 글씨를 배우고 그렇게 웃고 떠들며 많은 것을 생각하고 보고 그리고 만들어내며 서로에게 자랑하고 칭찬받던 사랑 가득한 기억. 그런 가족 속에서 긍정적이고 활발한 성격이 자연스럽게 몸에 배었고, 에너지 넘치는 생활의 원천이 되었다고 생각합니다. 지금도 어려운 일이나 힘든 일이 있을 때마다 든든하고 따뜻한 가족과 친구들의 응원과 위로가 저를 단단히 잡아 주듯, 사회에서 만나 함께 부대끼며 생활하는 사람들과도 따뜻한 마음으로 서로 돕고, 때로는 열심히 경쟁하고 서로를 위해 기뻐해 주기도 하는 좋은 사회 구성원으로 성장하고 싶습니다.

Values

저는 제가 어떤 사람이 되고자 노력하고 있다고는 말할 수 있습니다. 저는 깨끗한 사람이 되고자 합니다. 생각도 깨끗하게, 마음도 깨끗하게, 일 처리도 깨끗하게, 고민도 화도 깨끗하게 잘 정리할 수 있는 단정하고 단단한 마음을 가지고 산다면 내 스스로의 삶에 책임지는 마음이 만들어 질것이고 그렇게 더 큰 어른, 점점 더 현명하고 따뜻한 좋은 어른이 되고 싶습니다. 이러한 마음가짐의 큰 밭에 앞으로 제가 겪게 될 세상의 다양함을 하나씩 심고 키워가고 싶습니다. 호기심이 많은 저는 궁금한 것, 새로운 것에 대해 도전하는 용기가 별로 어렵지 않게 불쑥불쑥 생기곤 합니다. 어려운 일을 만나면 어떻게 해 나갈지 스스로 고민하며 방법을 생각해내고 해결해낼 때 얼마나 큰 보람을 느끼게 되는지 느껴본 후엔 고민과 극복의 가치를 알게 되었고, 힘든 일 좋은 일도 그렇게 정성껏 산을 넘듯 하나씩 이루어 가고 그러기 위해 끝없이 배우고 느끼는 시간들로 제 시간을 채워가자고 생각하는 데 가치를 두고 있습니다.

Work

어릴 적부터 꿈꿔왔던 패션디자이너라는 직업. 그토록 원했던 디자이너가 되기 위해 의상학을 전공하면서 수업 하나하나가 다 즐거웠고 열심히 한만큼 결과도 좋았습니다. 그렇게 적성에 맞는 일을 전공하는 행운을 얻었고, 그것에 감사하며 성실하게 최선을 다하는 태도를 지속적으로 가지기 위해 노력해왔습니다.

회사라는 조직에서의 일은 학교와는 많이 다르겠지만 사회생활이라는 조직 안에서 때론 주변에 에너지를 주고 때론 따뜻한 온기를 주고 때론 명확한 내 몫을 할 수 있는 사람이 되어야 한다고 스스로에게 다짐을 합니다. 여가시간에 이곳저곳을 다니며 패션 이외에도 여러가지 새로운 문화를 찾고 만나는 것을 즐기는 덕에 소비하는 제 또래들의 세상을 이해하는 눈을 가지고 있고, 그 중 어떤 것이 아름다운지를 생각하는 감각을 가지고 있다고 생각해왔고, 방학 중 인턴십 기간동안 선배 디자이너분들 역시 이러한 저의 장점이 큰 힘이 될 수 있다는 격려를 해 주신 기억이 납니다.

감각보다 더 무서운 것이 성실함이다! 주어진 일안에서만 움직이지 않고 폭넓게 보고 생각하며 더 많이 찾아 배우고 열심히, 성실히 하는 자세, 저는 그 부분에 분명한 자신감이 있고, 무엇이든 시작할 준비 역시 되어 있다고 생각합니다.

20••년 ••월 •• 일

지원자 ___김미미___

-2-

3) 포트폴리오 디자인

포트폴리오는 작품의 원본을 케이스에 넣어 제작하는 방법이 가장 많이 활용된다. 그러나 작품을 직접 넣기 어려운 경우 작품을 촬영한 사진이나 CD, 슬라이드 필름 등으로 구성하며, 최근에는 자신의 작품으로 웹 페이지를 만들어 소개하거나 웹 페이지를 출력하여 포트폴리오 케이스에 넣기도 한다. 포트폴리오의 제작 목적은 작품의 소개이다. 따라서 과도한 데코레이션보다는 작품 자체를 강조할 수 있도록 제작하며, 자신의 작품을 넣고 빼기, 보관과 이동이 용이하며 보는 이의 입장에서도 불편함이 없는 디자인으로 고려해야 한다.

(1) 북 타입 포트폴리오

패션 포트폴리오는 작업과정의 흐름을 보여주는 특성상 북 타입의 실물 포트폴리오로 가장 많이 제작되며, 제작된 포트폴리오를 촬영, 스캔작업을 통해 이미지로 동시에 제작하기도 한다. 실물 포트폴리오의 경우 컨셉에 따라 형태 및 종류를 선택하며 이동과 프레젠테이션에 어려움이 없는지 고려한 후 제작하고자 하는 형태를 결정해야 한다.

그림 125
포트폴리오 디자인 프로세스

① 타입 결정

완성된 포트폴리오의 타입을 결정할 때에는 내용물을 넣을 수 있도록 만들어진 기성품을 사용하는 방법과, 직접 케이스를 제작하는 방법이 있다.
케이스의 종류에는 파일형 바인더 타입에 내용물을 한 장씩 넣거나 내용물 자체를 바인딩하는 타입, 인쇄 또는 제본을 통해 책처럼 만드는 서적 타입, 입체적인 작품이 있는 경우에 많이 활용되는 박스 타입이 있으며, 묶지 않고 낱장으로 작품을 제시하는 브로셔 타입이나 스토리보드 타입, 카드나 엽서 등의 타입 등이 있다. 보관함의 역할을 하는 케이스의 종류를 선택할 때에는 면접관이 포트폴리오를 확인할 때 또는 면접장소까지 이동할 때 불편함이 없는 종류와 사이즈를 고려하여 케이스의 종류와 디자인을 정해야 한다.

① 바인더형　② 박스형　③ 스토리보드형
④ 책형　⑤ 카드나 엽서형　⑥ 웹형

그림 126 포트폴리오의 제작 형태

자료: ① ⓕ Mike Licht, www.notionscapital.com, ⓕ jkfid, ② ⓕⓢ Vulcan Information Packaging
③ ⓕ zesti, ④ ⓕⓢ kodamapixel, ⑤ ⓕⓢ Vulcan Information Packaging, ⑥ ⓕⓢ Jacinthe Busson

② 사이즈/분량 결정

포트폴리오의 분량은 면접관의 입장에서 지루하지 않으면서도 전체적인 흐름을
모두 담을 수 있는 페이지 수로 제작한다. 사이즈의 경우 사진이나 그림을 넣는
패션 포트폴리오의 특성상 A4(21×30cm) 사이즈보다는 큰 B4(26×36cm) 사이즈
나 A3(30×42cm) 사이즈로 제작되는 것이 일반적이며, 사이즈 면에서는 독특함보
다는 면접관의 시각이나 이동 시의 편리함과 실용성을 고려해야 한다.

그림 127 종이의 규격

자료: www.brunch.co.kr

국전지 A열

4*6판 전지 B열

③ 재료 결정

• 배경지

포트폴리오의 컨셉에 따라 배경지의 질감과 색상을 정하여 사용한다. 일반적으로 배경지는 색상지, 아트지, 한지, 인쇄용지, OHP필름지 등이 사용되며 배경지 자체가 돋보이기보다는 작품을 돋보이게 만드는 배경지를 선택하는 것이 중요하다. 제작하는 포트폴리오의 형태에 따라 배경지 역시 다르게 사용될 수 있는데 스토리보드 형태나 낱장 형태의 포트폴리오에는 하드보드지를 파일이나 바인더 형태에는 가벼운 한지나 색상지를 주로 사용한다.

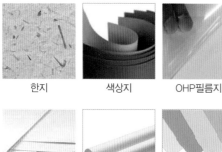

한지   색상지   OHP필름지

하드보드지   트레이징페이퍼   특수제지

그림 128 배경지

자료: www.hyatts.com

• 레트라 세트, 스크린 톤, 라인 테이프

배경지 위에 작품과 함께 장식 또는 마감처리를 위해 사용되는 도구로 레트라 세트(lettera set)와 스크린 톤(screen tone), 라인 테이프(line tape) 등이 있다. 레트라 세트는 한글, 알파벳 등의 문자를 인쇄한 듯한 효과를 내며 다양한 서체와 사이즈가 있어 필요에 따라 선택해 사용할 수 있다. 스크린 톤은 배경지에 패턴 장식 효과를 주어 현대적 느낌의 그래픽 처리에 효과적이며, 라인 테이프는 작품의 테두리나 장식을 위한 별색의 테이프 선으로 0.1mm의 가는 선부터 다양한 굵기와 색상을 조화롭게 사용할 수 있다.

레트라 세트   스크린 톤   라인 테이프

그림 129 레트라 세트, 스크린 톤, 라인 테이프

자료: ⓕ asifalittlezonkedScraps

• 기타 도구

포트폴리오의 디자인과 형식에 따라 다양한 기타 도구가 사용된다.

회화적인 느낌을 표현하기 위한 채색 도구, 커팅과 접착을 위한 도구 외에도 최근에는 좀 더 창의적인 아이디어를 표현할 수 있는 독특한 재료를 사용하는 등 포트폴리오 제작을 위한 재료가 폭 넓게 사용되고 있다. 또한 웹형 포트폴리오의 경우 컴퓨터 그래픽 프로그램 등과 같은 기타 도구가 활용되기도 한다.

그림 130 기타 도구
자료: www.hyatts.com

④ 레이아웃

레이아웃을 위해 작업 흐름에 따른 순서에 맞춰 페이지를 구성한다. 이때 페이지는 포트폴리오의 타입에 따라 일정한 방향으로 정리하며 각 페이지별 제목의 위치도 내용물에 따라 크게 변경하는 것보다는 일정한 위치에 두어 통일감을 주도록 한다.

레이아웃을 위한 디자인은 포트폴리오 전체의 컨셉과 일관성을 유지하되, 지루하지 않도록 오브제 등을 활용하여 전환된 디자인을 보여주는 페이지가 포함되도록 한다.

⑤ 제본/패키징

포트폴리오 제작의 마지막 단계로, 레이아웃을 마쳐 모두 제작된 컨텐츠를 제본 또는 패키징 작업을 통해 완성도를 높이는 동시에 이동에도 편리하고 면접관의 입장에서도 확인이 용이한 방법으로 묶는 과정이다. 북 타입의 포트폴리오에 사용되는 제본의 경우 바인더에 넣거나 링 제본, 중철 제본, 미싱 제본, 하드커버(양장) 제본, PUR제본, 무선 제본 등의 방법으로 선택할 수 있다.

그림 131 제본
자료: 이든프린팅

(2) 이미지 포트폴리오

실물의 작품을 그대로 포트폴리오로 제작한 북 타입과 달리, 이미지 포트폴리오는 제작한 포트폴리오를 촬영 또는 스캔작업을 통해 이미지로 제작하는 타입이다. 원거리의 면접이나 비대면 면접이 이루어지는 경우가 많아지고, 북 타입 포트폴리오를 백업용 자료로 보관하기 위해 이미지 포트폴리오를 제작하는 경우가 증가하고 있다. 이때, 촬영한 이미지를 그대로 사용하기보다는 포토샵이나 편집 프로그램을 이용하여 지면으로서의 한계를 이미지 작업으로 보다 다양하게 연출이 가능하며, 웹제작 프로그램을 이용하여 자신의 포트폴리오를 소개하는 웹 페이지를 만들 수도 있다.

그림 132 이미지 포트폴리오
자료: www.canva.com

CHAPTER 02

패션상품을 위한 **디자인 포트폴리오의 실제**

CASE OF DESIGN PORTFOLIO FOR
FASHION PRODUCT

CONTENTS

1. 여성복 브랜드의 디자인기획 포트폴리오

기존 브랜드 'VIKI'를 대상으로 새로운 상품기획 과정을 제시한 포트폴리오로, 마케팅 및 환경 분석을 시작으로 디자인 컨셉을 설정한 후 두 개의 테마로 나누어 테마별 이미지와 컬러, 소재, 아이템, 스타일을 기획하고 도식화와 함께 작업지시서를 작성하는 과정을 진행하였다.

1 VIKI의 이미지를 표현하는 표지

CONTENT

2 목차

정보 분석 | 마케팅 환경정보 | 시장 정보 | 소비자 정보 | 패션트렌드 정보

Society	Economy	Culture

경기순환
소비자 구매형태가 각 다르게 나타나므로
그에 알맞은 마케팅전략을 세워야 함.

호황 : 소비자의 지출이 활발.
제품의 종류, 판매촉진과 유통조직을 증대
시켜 좋은 제품에 대한 판매가격 증가.

경기침체기 : 소비자 구매력이 감소
소비자들은 가격이 저렴하고 꼭 필요한 상
품만 사게 되어 이땐 값싼 상품이 인기.
이 단계에서는 값을 내리고 제품의 종류를
줄이는 전략이 유효.

물가상승/실업사태
물가 상승하나 소비자의 실질소득
늘어나지 않아 소비자 실질 구매력
감소.

소비자들은 값이 싼 저급품을 찾게
되고 용량이 크게 포장된 것을 선호.

소득의 변화와 소비변화
소득이 높아지면 소비도 많아지고
소득이 낮아지면 소비도 떨어짐.

삶의 질 향상
삶의 질은 투자 여부를 결정하는 중요
한 요인으로써 의료서비스, 사회 안정
성, 교육과 관련된 생활 환경과 시스템

빠르게 변하는 트렌드
소비자들은 유행에 민감하고 트렌드를
따라가는 경향이 크므로 이를 디자인에
반영하고 마케팅 활동 전개.

문화 발달(한류열풍)
K-pop, 드라마, 뮤지컬과 같은 문화적
볼거리와 세계각국의 많은 관광객들이
세계유산으로 지정된 유적지를 방문.

3 정보분석 ▶ 마케팅 환경 정보분석_1

정보 분석 | 마케팅 환경정보 | 시장 정보 | 소비자 정보 | 패션트렌드 정보

People	Science/ IT

보보스 족 (물질적 실리 + 정신적 풍요)
부르주아(bourgeois)의 **물질적 실리**와 보헤미안(Bohemian)의
정신적 풍요를 동시에 누리는 새로운 상류계급.
부르주아와 보헤미안의 합성어 '보보스'

미들넷 족
사이버 공간에서 활동하는 30~40대 직장인과 주부들로
인터넷 사용에 적극적인 중 장년층.

Downshifts 족
고소득이나 빠른 승진보다는 비록 저소득일지라도
여유있는 직장생활을 즐기면서 삶의 만족을 찾는 집단

SMART PHONE
스마트 폰이 일상생활 전반에 이용되어지고 있음.
쇼셜 홀릭시대 + 다양한 콜레보레시스템이
급속화 되어지고 있음.

개발 비용 급증, 수명주기 단축
기술혁신 여건 변화에 따른 내부 연구개발의 한계
는 기술이전 및 거래를 통해 외부기술의 획득.

아웃소싱 필요성
기술거래에 참여하는 기술공급자와 기술수요자가
많아지면서 기술시장에 점점 더 많은 관심이 집중.

4 정보분석 ▶ 마케팅 환경 정보분석_2

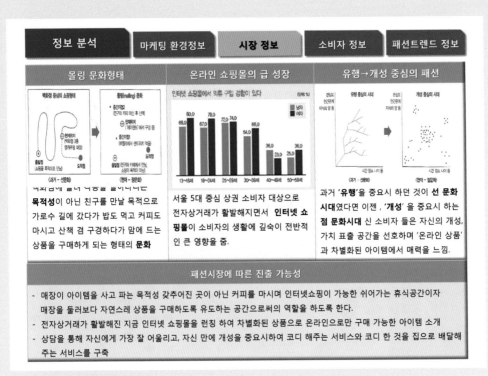

슬라이드 1

정보 분석 | 마케팅 환경정보 | **시장 정보** | 소비자 정보 | 패션트렌드 정보

몰링 문화형태

목적성이 아닌 친구를 만날 목적으로 가로수 길에 갔다가 밥도 먹고 커피도 마시고 산책 겸 구경하다가 맘에 드는 상품을 구매하게 되는 형태의 **문화**

온라인 쇼핑몰의 급 성장

서울 5대 중심 상권 소비자 대상으로 전자상거래가 활발해지면서 **인터넷 쇼핑몰**이 소비자의 생활에 깊숙이 전반적인 큰 영향을 줌.

유행→개성 중심의 패션

과거 '**유행**'을 중요시 하던 것이 **선 문화시대**였다면 이젠, '**개성**'을 중요시 하는 **점 문화시대** 신 소비자 들은 자신의 개성, 가치 표출 공간을 선호하며 '온라인 상품'과 차별화된 아이템에서 매력을 느낌.

패션시장에 따른 진출 가능성

- 매장이 아이템을 사고 파는 목적성 갖추어진 곳이 아닌 커피를 마시며 인터넷쇼핑이 가능한 쉬어가는 휴식공간이자 매장을 둘러보다 자연스레 상품을 구매하도록 유도하는 공간으로써의 역할을 하도록 한다.
- 전자상거래가 활발해진 지금 인터넷 쇼핑몰을 런칭 하여 차별화된 상품으로 온라인으로만 구매 가능한 아이템 소개
- 상담을 통해 자신에게 가장 잘 어울리고, 자신 만에 개성을 중요시하여 코디 해주는 서비스와 코디 한 것을 집으로 배달해 주는 서비스를 구축

5 정보분석 ▶ 시장 정보분석_1

슬라이드 2

정보 분석 | 마케팅 환경정보 | **시장 정보** | 소비자 정보 | 패션트렌드 정보

최우선 경영방침	**내실경영, 품질경영, 위기경영**
유통업체 협력 & 경기부양책	규제완화, 새로운 경기 부양책 실시, 업체와 공존하는 유통정책 시행.
경기상승시기	**2012년 상반기**
Version Up VIKI	트렌디 하면서 웨어러블 하고 합리적인 가격대를 표방한 대중적인 상품으로 영 캐릭터 신수요 창출 도모.
최고매출 기록	• 지난해 연간 40% 신장을 기록하며 유통망을 95개까지 늘린 비키는 현재 110개 매장을 전개하여 작년 동기 대비 25%가량 매출 증가, 서울 경기 및 지방 핵심 상권에 • 포스트 매장을 전략적으로 개설, 직영점 육성.
라인확장 계획	• 지난해 중국 북경의 은태 롯데 백화점에 첫 입점한 비키는 상하이 지사를 통해 백화점 확장하여 올해 10개 매장 오픈 할 예정. • 트위터 활용 및 옥외, 버스, 잡지광고 등 타겟 층을 공략한 마케팅의 공격적인 투자, • 인지도 높이고 20대 영 고객층의 잠재된 소비자 적극 유치 및 우량점포 비중 대량 늘릴 계획.
유통채널 다각화	• 전면적인 변화를 시도하며 지난해 유통을 볼륨화해 공격적인 시장에 돌입. • **45%의 신장률 확대.**

6 정보분석 ▶ 시장 정보분석_2

기존의 소비자	새로운 소비자	소비자 분석
		25-54세 연령층에서 68%, 18~24 연령층에서 64%가 의류시장의 주 고객층이며, 십대, 노인층 , 유아용 시장은 50%미만임

초저가 의류를 추구하는 소비 트렌드

고급 의류 소비하는 연령층이 점차 낮아지면서 초저가 의류를 추구하는 소비 트렌드

가격과 품질의 상대적 관계에 민감하고 삶의 가치를 중시하며 **편의성과 합리성** 중시

제품 고유의 본질에 의미를 두고 가치 기준 역시 개인의 본질적 의미를 부여한 **일대일 대응** 추구

감도 높은 디자인 추구하는 똑똑한 소비 트렌드

확고한 브랜드 아이덴티티와 감도 높은 디자인을 추구

현재 여성복의 컨템포러리 구성요소는 시대상을 반영한 고급스러움과 **웨어러블한 디자인**이 인기 얻음

개개인의 라이프스타일 반영한 트렌드를 이끌고 갈 수 있는 힘있는 패션리더는 고감도의 퀄리티의 상품에 가격은 중요치 않음

연령대 소비자 분석

- ■ 0~7세
- ■ 8~18세
- ■ 18~24세
- ■ 24~40세
- ■ 40~55세
- ■ 55세~

7 정보분석 ▶ 소비자 정보분석

Theme	Daily Classic	Arctic Chic	Prim Rebellion	Attic Treasure
CONCEP	-현대여성을 위한 필수적인 뉴 베이직 스타일. -브리티시 클래식 영감의 미니멀한 접근과 기하학 터치의 모던한 재해석	-엘레강스모던의 아웃도어 룩 -액티브 스포츠웨어와 도시적인 데이웨어의 강약 조절 -절제된 슬림 실루엣과 하이엔드 테일러링	-상류층 영 레이디의 단정하고 고급스러운 스타일과 스트리트적인 시크 터치와 센슈얼 -미니 기장, 피커부 효과, 핀업걸 모티브의 센슈얼 터치	-40년대 70년대 영감의 우아한 레트로 페미닌 빈티지 -가을 느낌의 레트로 컬러의 톤인톤 블로킹 적용으로 채도 높이거나 텁텁함 덜어냄.
IMAGE				
DETAIL	-체스터필드, 피코트 등의 매니시 테일러드 아우터 -칼라리스, 버튼리스, 패치워크가 새롭게 재구성.	-푸퍼 재킷과 베스트, 퍼 코트 윈터 튜닉, 펜슬 스커트, 스키 팬츠등이 키 아이템.	-드레스코트, A라인 스커트, 스커트, 수트 등의 레이디아이템. -바이커 재킷, 스키니 팬츠, 스커트, 블랙 레더, 스터드&체인	-슬림한 웨이스티드 실루엣과 긴 기장 바탕의 아이템 -더블 브레스티드 코트, 보 블라우스, 와이드 팬츠, 큐롯
FABRIC	-멜톤, 트위드, 캐시미어, 펠트, 단모의 알파카 -러스틱 하지만 고급스럽게 정제된 울베이스 소재.	-멜톤, 러스틱과 하이테크의 콘트라스트 플레이 전개 -셰어링, 아스트라칸, 폭스, 알파카, 방수가공의 파라슈트 -구조적인 커팅과 라메, 루렉스의 미래적인 메탈릭 소재	-매트& 샤인 효과에 초점을 맞추어 전개. -소모 이중지, 울 수팅, 새틴, 페이턴트 레더 등이 대표적.	-크레이프 새틴, 폴리 조젯, 팬시 트위드, 스웨이드 중심 -옛스럽고 러스틱하게 전개.

8 정보분석 ▶ 패션트렌드 정보분석

VIKI
NUMEROUS
1995. 10 LAUNCHING

VISION	IMAGE	TARGET	CONCEPT		
		Main Age 23세 Sub Age 20~35세	Theme Modern Boho Relax Preppy		Theme Exotic Sensibility
내수의 **안정화**의 기반을 위해 브랜드 운영의 핵심인 **물량공급 확대.** 최고 브랜드로 도약할 수 있는 전략적 지원과 **상품기획실 인력 강화 및 소재의 고급화**통해 **기획력 강화** **WIN-WIN 시스템**, **CRM마케팅 운영.**	**TRENDY 감각**과 실루엣에 영 캐주얼의 개성과 편안함 믹스 **고감도를 겸비한 합리적인 가격대** 다양한 스타일로스타일에 대응한 상품을 전개.	패션에 관심을 가지며 **트렌드**를 따르는 여성. **감성마인드** 20대 초반~30대 경제활동 여성. 패션 지향적이며 **합리적인 가격을 지향**하는 경제활동여성.	**Modern Boho** 부드러운 **모더니즘**과 자연적이고 **엘레강스룩**을 미래적으로 재해석 캐쥬얼하게 코디네이션한 **소박한 럭셔리룩.** **심플함**이 강조된 Relax Look.	**Relaxed Preppy** 50년대 American sports Classic과 실용성으로 French Chic 바탕 컬러와 그래픽에 유머와 위트를 섞은 **Aubum Chic.** **강한컬러와** 대비배 색의 Preppy Sports Look.	**Exotic Sensibility** Exotic한 감성에 Classic Mood를 Remix한 주제 실루엣은 Minimal 하게, 장식은 Ethnic 하면서도 **Decorative** 하게 전개하며, Ethnic, Military 감성.

9 표적시장 설정 ▶ 경쟁 브랜드 분석_1

BRAND	LOGO	IMAGE	CONCEPT	LAUNCHING	TARGET	MARKETING
SOUP	SOUP Performance Feminism Fashion		• **미니멀한 감성**, 절개와 칼라배색, 스포티브한 요소. • 클래식의 고급스러움과 캐쥬얼 코디네이션. • 자연과 조화된 Classic	1999	**Main Age Target** 18세~22세 **Sub Age Target** 16세~28세	• 온라인에서 소셜 커머스와 네트워크를 이용한 마케팅. • 오프라인에서 커피전문점과의 코-마케팅이나 문화사업 후원.
2ME	2ME		• "NEW YORK"의 세련된 커리어우먼 모티브. • 도시적인 감각의 합리적 여성 정장 캐주얼.	1997	**Main Age Target** 25세~29세 **Sub Age Target** 20세~38세	• 정장수트, 세미정장, 단품자켓을 중심으로 크로스코디 제안. • 월별 머스트해브 전략상품 제시.
COIINCOS	coiincos COOP INTERACTION COSMO		• 미국의 **컨템포러리**한 모던 스타일리쉬 룩. • 런던의 유니크한 스트리트 패션. • 중독성강한 unique item과 mix&match	1991	**Main Age Target** 20세~30세 **Sub Age Target** 20세~35세	• 요즘 세대의 고객들이 원하는 모든 것들의 질서 정영한 조합. • 해외브랜드 포함하여 디자인&생산력이 뛰어난 국내브랜드를 6:3정도 비율로 구성.
TATE	TATE		• **고감도의 감성**을 표현하는 STYLSH CASUAL. • 클래식과 모던의 진보적인 재해석을 통한 진화를 자유로운 Mix & MATCH가 가능한 NEW LOOK를 제안.	1980	**Main Age Target** 18세~23세 **Sub Age Target** 18세~33세	• 크리에이티브한 디자인개발과 합리적인 가격. • 최상의 품질로 패션의 대중화를 이루어 고객중심의 상품기획, 생산, 마케팅 전개.

10 표적시장 설정 ▶ 경쟁 브랜드 분석_2

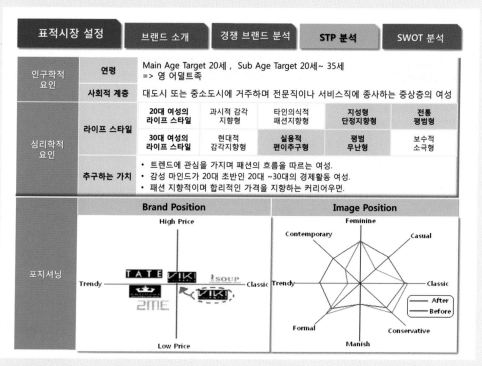

11 표적시장 설정 ▶ STP 분석

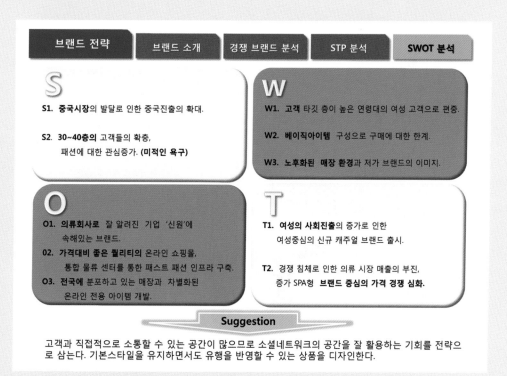

12 브랜드 전략 설정 ▶ SWOT 분석

PRODUCT

아이템
빠르게 변화하는 트렌드에 맞추어 폭넓은 아이템으로 전개.

유행
패스트 패션, 스트리트패션, 패션에 개성을 접목시킨 고감도의 제품.

패션이미지
ROMANTIC, FEMININE , CHIC, CLASSIC, MODERN, CASUAL.

기획
현장에서 빠르게 변화하는 **트렌드를 조사**하여 디자인을 구상하여 다양한 방식으로 회의를 거쳐 제품을 기획.

상품구성
오피스 룩과 일상생활이 가능한 **실용적이면서도 트렌디한 감각**의 상품.

품질
소재에 관한 연구개발과 함께 품질 보증을 확실히 하여 고객에게 품질에 대한 신뢰성을 높이도록 한다.

상품비율
베이직 : 뉴베이직 : 트렌드
= 30:40:30
로맨틱캐주얼:치마/바지:세미 수트
=20:20:45:15

13   브랜드 전략 ▶ 4P's mix(Product)

PRICE	PLACE	PROMOTION

VIP멤버 만을 위한 세일정책
VIP 카드를 소지한 고객에 한하여 10%의 세일과 브랜드 홍보를 위한 카페 이용의 권한을 부여

POINT제도, 생일고객 세일
VIKI의 제품을 구매할때마다 가격에 따라 POINT카드를 부여해 적립하여 현금처럼 사용 할 수 있도록 하고, G생일고객에 한하여 5%의 추가할인제도

몰링 문화 쇼핑
패션과 예술, 문화가 공존하는 곳에서 커피를 마시고 구경하고 여유롭게 쇼핑을 할 수 있는 공간을 구성하여 쇼핑부터 **브랜드 홍보까지** 할 수 있는 이미지 구매쇼핑을 유도

SMART SHOPPING
시간과 장소에 구애 받지 않고도 **자신이 원하는 제품**이 가상으로 코디 되어 핸드폰을 통하여 즉시 구매할 수 있는 시스템 구축

몰링 쌍방형 소통 홍보 전략
사회문화, 아트 전반을 콜래보레이션 이나 SNS를 통해 리얼 스타일 제안 이라는 컨셉으로 **고객과의 쌍방향 소통**

-전단지를 만들어 배포를 통한 신규브랜드 홍보전략
-대학생 소비자마케터 선발을 통한 착용후기 및 디자인 상세품평을 파워 블로그에 올려 홍보

14   브랜드 전략 ▶ 4P's mix(Price, Place, Promotion)

15 디자인 컨셉 설정 ▶ 패션트렌드 주제분석 및 포캐스팅

16 디자인 컨셉 설정 ▶ 패션테마의 설정

디자인 컨셉 설정	패션트렌드 주제분석	컨셉 스토리	패션테마의 설정	**시즌 디자인 컨셉 설정**

ECO RIDING	
IMAGE	활동성과 편리함을 입은 승마복을 자연적인 감각으로 연출
COLOR	• **메인 컬러** : 블랙, 카키, 그레이, 화이트, 베이지 등의 모노톤 • **서브 컬러** : 레드, 오렌지, 브라운 네이비, 카멜 등의 딥톤, 톤인톤 • **포인트 컬러** : 레드, 퍼플등의 비비드톤
FABRIC	• 클래식한 체크무늬와 '케나프'를 원료로한 소재. • 퍼, 모직, 헤링본, 브랭킷, 가죽, 세틀랜드 울, 저지, 스웨이드, 코듀로이.
SILHOUETTE	모던하고 실용적인 스트레이트 실루엣과 클래식하고 몸에 꼭맞는 타이트한 실루엣
DETAIL	• 클래식한 것을 활동적이고 실용적인 것으로 표현하는 디테일. • 매니시 테일러드 아우터와 칼라리스, 버튼리스, 패치워크가 새롭게 재구성. • 헹루즈, 슬랙스 스키니한 팬츠
ITEM	모자와 부츠, 자켓, 코트, 조끼, 셔츠, 승마바지
V.M.D	내의를 비비드 하게, 상·하의는 딥톤과 모노톤 위주

17 디자인 컨셉 설정 ▶ 시즌 디자인 컨셉_Theme 1

18 디자인 컨셉 설정 ▶ 테마별 이미지맵_Theme 1

19 색채 기획_Theme 1

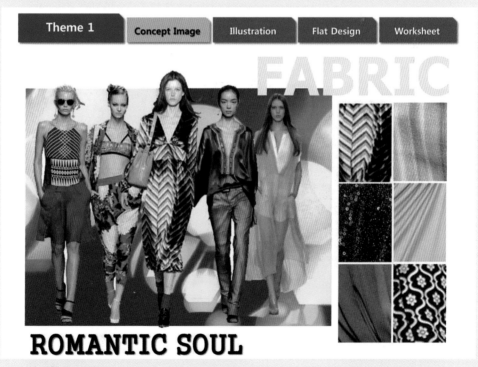

20 소재 기획_Theme 1

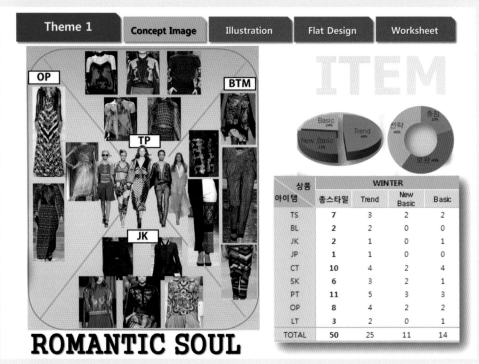

상품	WINTER			
아이템	총스타일	Trend	New Basic	Basic
TS	7	3	2	2
BL	2	2	0	0
JK	2	1	0	1
JP	1	1	0	0
CT	10	4	2	4
SK	6	3	2	1
PT	11	5	3	3
OP	8	4	2	2
LT	3	2	0	1
TOTAL	50	25	11	14

21 아이템 기획_Theme1

22 디자이닝 ▶ 스타일링 맵_Theme 1

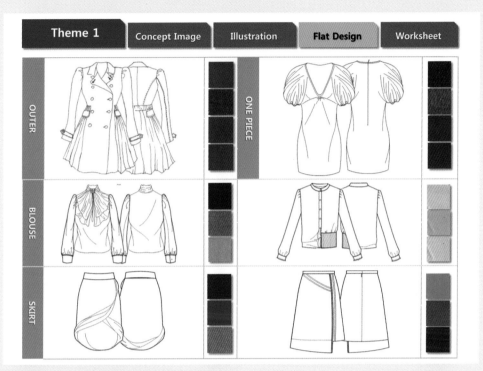

23 디자이닝 ▶ 스타일링 맵_Theme 1

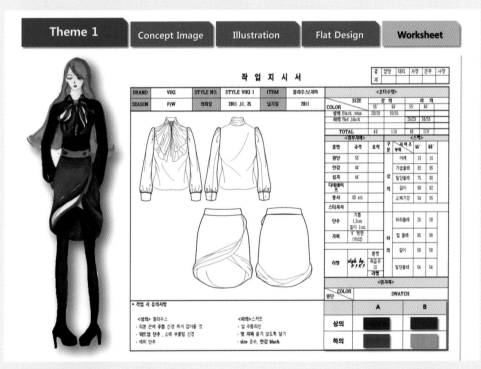

24 디자이닝 ▶ 작업지시서_Theme 1

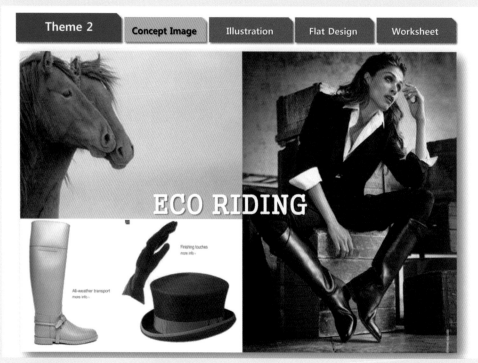

25 디자인 컨셉 설정 ▶ 테마별 이미지맵_Theme 2

26 색채 기획_Theme 2

27 소재 기획_Theme 2

28 디자이닝 ▶ 스타일링 맵_Theme 2

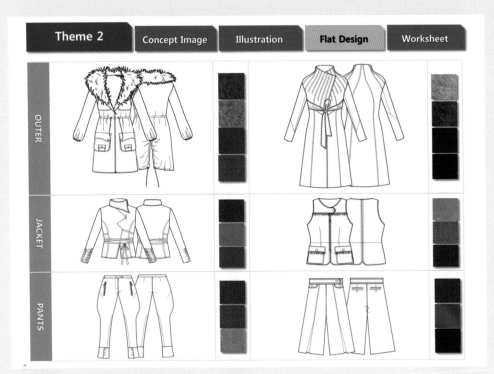

29 디자인 컨셉 설정 ▶ 도식화 맵_Theme 2

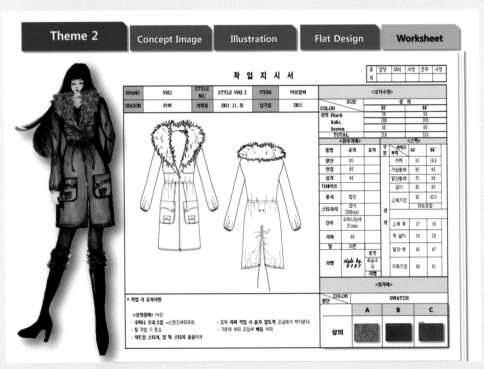

30 디자이닝 ▶ 작업지시서_Theme 2

2. 여성복(실버) 브랜드의 디자인기획 포트폴리오

기존 브랜드 'OPAL'를 대상으로 새로운 상품기획 과정을 제시한 포트폴리오로, 마케팅 및 환경 분석을 시작으로 디자인 컨셉을 설정한 후 두 개의 테마로 나누어 테마별 이미지와 컬러, 소재, 아이템, 스타일을 기획하고 도식화와 함께 작업지시서를 작성하는 과정을 진행하였다.

1 표지

2 브랜드 소개 및 인트로 페이지

INDEX

1. **Information Analysis**

2. **Market Targeting**

3. **Marketing Strategy**

4. **Design Concept**

5. **VMD**

3 목차

INFORMATION ANALYSIS
MARKETING ENVIRONMENT

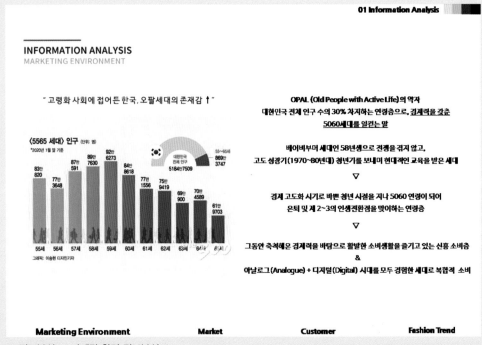

" 고령화 사회에 접어든 한국, 오팔세대의 존재감 ↑ "

〈5565 세대〉 인구 (단위: 명)
*2020년 1월 말 기준

OPAL (Old People with Active Life)의 약자
대한민국 전체 인구 수의 30% 차지하는 연령층으로, 경제력을 갖춘
5060세대를 일컫는 말

베이비부머 세대인 58년생으로 전쟁을 겪지 않고,
고도 성장기(1970~80년대) 청년기를 보내며 현대적인 교육을 받은 세대

▽

경제 고도화 시기로 바쁜 청년 시절을 지나 5060 연령이 되어
은퇴 및 제 2~3의 인생전환점을 맞이하는 연령층

▽

그동안 축적해온 경제력을 바탕으로 활발한 소비생활을 즐기고 있는 신흥 소비층
&
아날로그(Analogue) + 디지털(Digital) 시대를 모두 경험한 세대로 복합적 소비

| **Marketing Environment** | **Market** | **Customer** | **Fashion Trend** |

4 정보분석 ▶ 마케팅 환경 정보분석_1

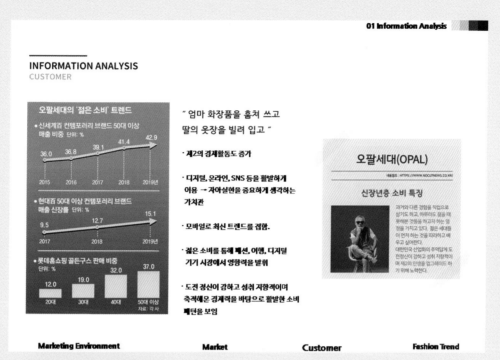

5 정보분석 ▶ 마케팅 환경 정보분석_2

6 표적시장 설정 ▶ 브랜드_1

MARKET TARGETING
BRAND

TARGET "OPAL : the New 5060 Generation" Main target - 50대 초반 - 60대 중반 / Sub target - 40대 중 후반 / 60대 후반 -

BRAND IMAGE Elegance & Classic & Luxury & Chic & Glammer

| Brand | Rival Brand | STP |

7 표적시장 설정 ▶ 브랜드_2

MARKET TARGETING
S: SEGMENTATION & T: Targeting

WHO ARE THEY?

이 름	Lindell & Linda
생 년 월 일	1962. 05. 02
직 업	패션 디렉터
기 타 사 항	쌍둥이

S: SEGMENTATION

고 감 도	90%
패 션 수 용 도	매우 높음
상 표 충 성 도	높음
감 성 이 미 지	엘레강스 60% 클래식 40%

T: TARGETING

Morning - 태블릿 pc로 스케줄과 미팅을 확인하고 이에 어울리는 옷을 코디한다.

Afternoon - 패션쇼장으로 이동하여 오후 업무를 시작한다. 패션쇼장으로 이동하면서 스트릿 패션 촬영을 한다. 패션쇼를 보러 온 여러 디자이너들과 셀럽과 이야기를 나누고 사진 촬영을 한다.

Evening - 패션쇼를 마친 후 파티에 간다. 파티장은 뉴욕 중심에 위치한 럭셔리 호텔에서 진행된다.

| Brand | Rival Brand | STP |

8 표적시장 설정 ▶ STP분석_1

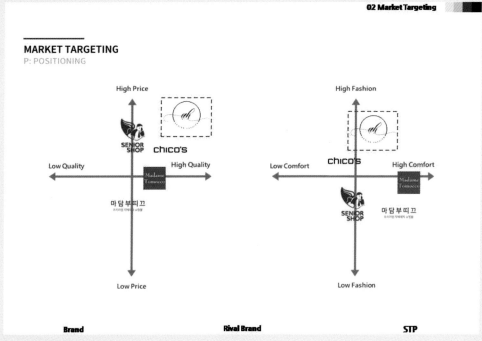

9 표적시장 설정 ▶ STP분석_2

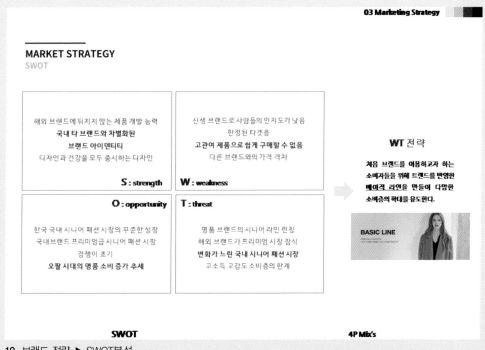

10 브랜드 전략 ▶ SWOT분석

MARKET STRATEGY
4P: PRODUCT

PRODUCT

| Business & Formal | Sports | Accessory | Perfume |

SWOT   4P Mix's

11 브랜드 전략 ▶ 4P's mix(Product)

MARKET STRATEGY
4P: PRODUCT

PRODUCT

(2) 상품구성 전략

중점 상품 50% ⇒ 전략 상품 35% ⇒ 보완 상품 15%

(3) 패션 수용도에 따른 상품 구성

트렌드 상품 55% ⇒ 뉴 베이직 상품 35% ⇒ 베이직 상품 10%

PRICE

경쟁사 모방가격 결정법 (대등가격 전략) 사용

① 비즈니스 · 포머 웨어 라인
→ 최소 250,000 ~ 최대 2,500,000

② 스포츠 웨어 라인
→ 최소 250,000 ~ 최대 1,800,000

③ 패션 소품
→ 최소 150,000 ~ 최대 1,100,000

S1. 모든 상품은 선물 포장되어 무료 배송된다.

S2. 할인 판매 기간의 주기를 짧게 잡는다.

S3. 브랜드 VIP만을 위한 세일 정책을 가진다.

S4. 적립금 제도 및 생일 · 기념일 세일을 진행한다.

SWOT   4P Mix's

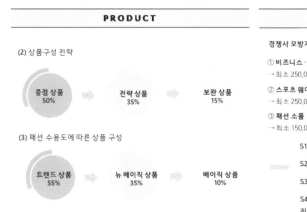

12 브랜드 전략 ▶ 4P's mix(Product & Price)

13 브랜드 전략 ▶ 4P's mix(Place & Promotion)

14 디자인 컨셉 설정

DESIGN CONCEPT
THEME 1. MOODY BLOOM

Theme 1.

Moody Bloom : Floral & Black

진한 자주빛과 청록빛 등 이국적인 색상
우울하면서도 몽환적인 느낌
어두운 바탕과 섬세한 꽃 프린트의 대조
어두움이라는 엘레강스한 매력.

Theme 1   Theme 2

15 디자인 컨셉 설정 ▶ 테마별 이미지맵_Theme 1

Theme 1   Theme 2

16 색채 기획_Theme 1

17 소재 기획_Theme 1

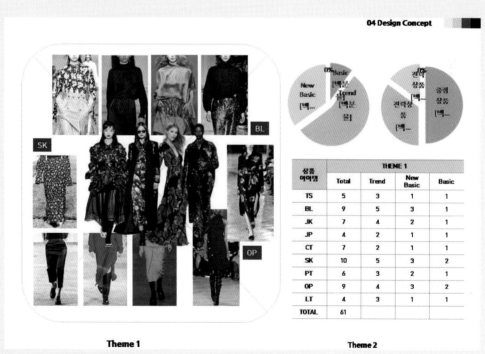

상품 아이템	THEME 1			
	Total	Trend	New Basic	Basic
TS	5	3	1	1
BL	9	5	3	1
JK	7	4	2	1
JP	4	2	1	1
CT	7	2	1	1
SK	10	5	3	2
PT	6	3	2	1
OP	9	4	3	2
LT	4	3	1	1
TOTAL	61			

18 아이템 기획_Theme 1

LOOK 1   LOOK 2

Theme 1   Theme 2

19 디자이닝 1

LOOK 1.

Big Collar Dress : Floral & Purple

어두운 자주빛의 이국적인 색상의 바탕에 섬세한
꽃 프린트를 사용하였다. 빅칼라 포인트가
특징이며 퍼프 소매의 롱 슬리브를 가진 A라인
드레스이다.

Theme 1   Theme 2

20 디자이닝 2

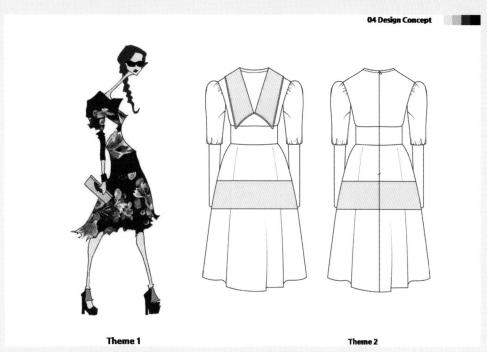

Theme 1   **Theme 2**

21 디자이닝 ▶ 도식화

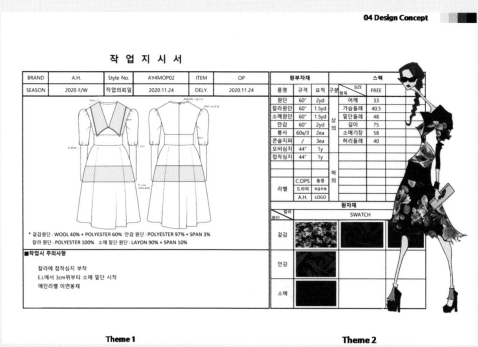

Theme 1   **Theme 2**

22 디자이닝 ▶ 작업지시서

DESIGN CONCEPT
THEME 2. THE GOLDEN AGE

Theme 2.

The Golden Age
: 15th Century & Gold

15세기의 코스튬 플레이
어둠에서도 빛을 발하는 골든 컬러
유럽의 가장 화려한 왕궁인 베르사유
엘레강스한 매력

Theme 1   **Theme 2**

23 디자인 컨셉 설정 ▶ 테마별 이미지맵_Theme 2

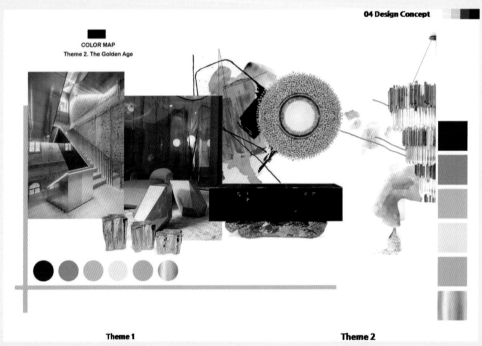

COLOR MAP
Theme 2. The Golden Age

Theme 1   **Theme 2**

24 색채 기획_Theme 2

25 소재 기획_Theme 2

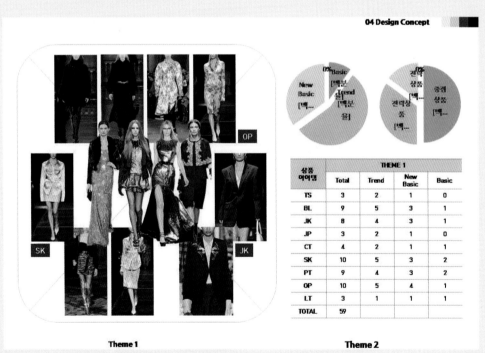

26 아이템 기획_Theme 2

LOOK 3   LOOK 4

Theme 1   Theme 2

27 디자이닝 1

LOOK 3.

Turtle Neck Knit & Cancan

골드와 브라운의 컬러 배색 조화가 도드라지는
룩이다. 골드 컬러의 터틀넥 크롭 니트와 브라운
컬러의 캉캉 치마를 매치하였다. 캉캉 치마 위에
오버랩 시스루 스커트를 함께 매치하여
스타일리쉬함을 더했다.

Theme 1   Theme 2

28 디자이닝 2

Theme 1   **Theme 2**

29 디자이닝 ▶ 도식화

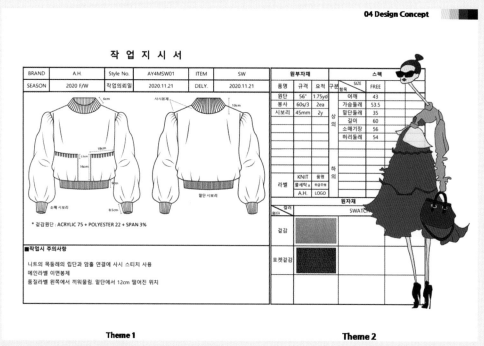

Theme 1   **Theme 2**

30 디자이닝 ▶ 작업지시서 1

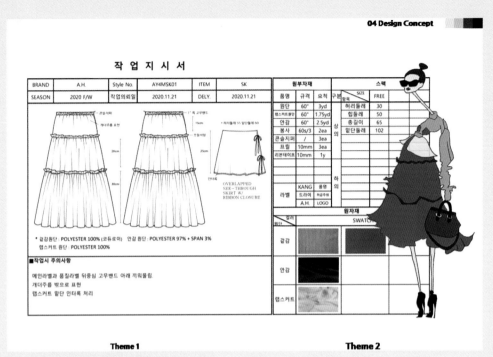

Theme 1 **Theme 2**

31 디자이닝 ▶ 작업지시서 2

VMD
IMAGE MAP

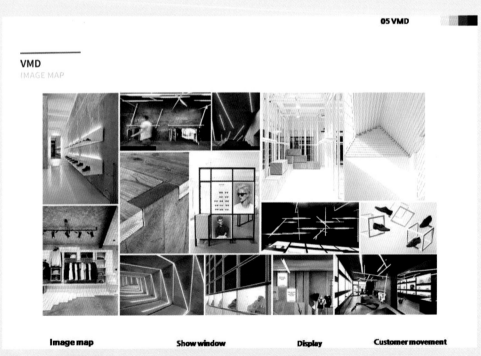

Image map **Show window** **Display** **Customer movement**

32 VMD ▶ 이미지 맵

VMD
DISPLAY

1F Ground floor 　　 3F / B2 Fashion exhibition on 　　 4F Multi-purpose arthall

2F / B1
Commodity display

Image map 　　　　 Show window 　　　　 Display 　　　　 Customer movement

33 VMD ▶ 디스플레이 아이디어

VMD
CUSTOMER MOVEMENT

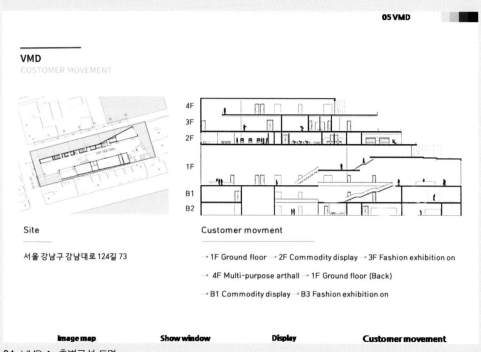

Site

서울 강남구 강남대로 124길 73

Customer movment

→ 1F Ground floor → 2F Commodity display → 3F Fashion exhibition on
→ 4F Multi-purpose arthall → 1F Ground floor (Back)
→ B1 Commodity display → B3 Fashion exhibition on

Image map 　　　　 Show window 　　　　 Display 　　　　 Customer movement

34 VMD ▶ 층별구성 도면

3. 남성복 브랜드의 디자인기획 포트폴리오

기존 브랜드인 'SIEG'를 대상으로 새로운 상품기획 과정을 제작한 포트폴리오로, 국내 시장 및 남성 브랜드의 분포 현황을 분석하여 SIEG의 아이덴티티 강화 방안과 브랜드 차별화 전략을 설정한 후 디자인 컨셉을 두 개의 테마로 나누어 테마별 이미지와 컬러, 소재, 아이템, 스타일을 기획하고 도식화와 함께 작업지시서를 작성하는 과정을 진행하였다.

1 SIEG의 이미지를 표현하는 표지

환경 분석

정치 / 사회적 환경

- G20 개최로 인한 국가 브랜드 이미지 상승
- 북한 김정은의 3대 권력 세습
- 유럽연합과 FTA 채결
- 각 나라별 환율로 인한 갈등

경제적 환경

- G20 개최로 인한 경제적 효과 기대
- 유럽연합과 FTA채결로 인한 가격경쟁에 대한 우려 증가
- 중국 여행객의 증가로 동대문, 명동 등 패션업계 호황

사회 / 문화적 환경

- 서울시의 도시디자인 정책 강화
- 세계3대 어워드인 레드닷어워드에서 한 국대학생들의 대거 수상
- 추석연휴 폭우로 인한 피해
- 스마트폰, 트위터의 열풍

패션 시장

- SNS를 통한 의견 소통
- 더욱 규모가 커진 제 3회 2010 서울 디자인 한마당
- 각종 패션페스티벌 개최로 인한 신진디자이너들의 활동영역 확대
- 갑자기 추워진날씨로 인해 겨울의류 매출상승

2 정보분석 ▶ 마케팅 환경 분석

국내 시장 분석

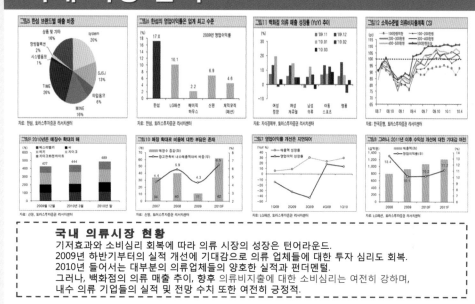

국내 의류시장 현황
기저효과와 소비심리 회복에 따라 의류 시장의 성장은 턴어라운드.
2009년 하반기부터의 실적 개선에 기대감으로 의류 업체들에 대한 투자 심리도 회복.
2010년 들어서는 대부분의 의류업체들의 양호한 실적과 펀더멘털.
그러나, 백화점의 의류 매출 추이, 향후 의류비지출에 대한 소비심리는 여전히 강하며,
내수 의류 기업들의 실적 및 전망 수치 또한 여전히 긍정적.

3 정보분석 ▶ 시장 정보분석_1

남성 브랜드 분포현황

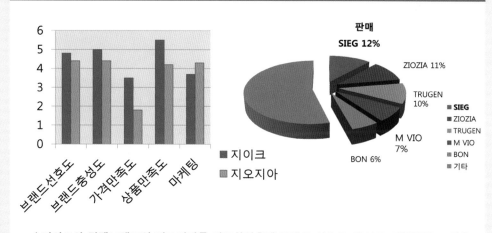

◆지이크와 경쟁브랜드인 지오지아를 비교하였을때 브랜드 선호도, 충성도, 가격만족도, 상품
만족도에서 지이크가 앞서고 마케팅에서는 지오지아가 앞서고 있다.
◆남성 캐릭터케주얼 브랜드의 판매도를 보면 BON 6%, MVIO 7%, TRUGEN 10%, ZIOZIA
11% 로 나타나 있고 SIEG는 12%를 나타내고 있다 기타브랜드는 54%를 차지하고 있다.

4 정보분석 ▶ 시장 정보분석_2

트렌드 분석

Wool
복잡하지 않고 톤앤톤의 조금 차분한 Color Mix가 주중, 격자무늬의 모양도 너무 작고 복잡한 것 보다는 중간 Size 이상의 간단한 모양을 선호한다. Mohair Grey, Natural Grey

Mohair with Plaid
여성용 아이템 헤어리한 울에 Plaid 패턴, 럭셔리&세련된 도시적 느낌 Black&White, Navy와 Brown

Treated Cotton
내년 아웃도어에서는 Wool 자리를 위협 할 Treated Cotton. Sturdy Khaki, Olive Drab, Indigo Blue, Mud나 Clay Color Shade 등

Pants Item
Corduroy는 아직 약세를 보이고 바지용으로 겨우 조금씩 보이기 시작한다. Wool에서는 Plaid를 과감하게 남성복 팬츠에서도 사용하는 것이 특이하다.

빈티지 + 내추럴

5 정보분석 ▶ 트렌드 정보분석

SIEG CONCEPT 브랜드 Identity 강화

대학생과 직장인을 위한 남성캐릭터 캐주얼브랜드

SIEG+ FAHRENDEIT
열정적인 승리를 나타내는 새로운 남성브랜드

지이크의 두번째 브랜드로 08년 런칭하였으며, 트렌디하고 시크, 모던한 컨셉의 세련된 패션 스타일

TARGET

CORE TARGET
25~35

SUB TARGET
20~24, 36~39

MIND TARGET
Trend를 즐기며, 심플하고 세련된 Stylish 착장을 지향하는 도시인 물질보다는 사람의 몸을 중시한 옛 과학자의 정신

CHIC + MODERN
도시적 감성으로 표현되는 시대를 초월한 세련미   동시대적으로 표현되는 감각적 가치 추구

열정적인 남자를 위한   '*매혹적인 스타일*'

6 표적시장 설정 ▶ 브랜드 분석

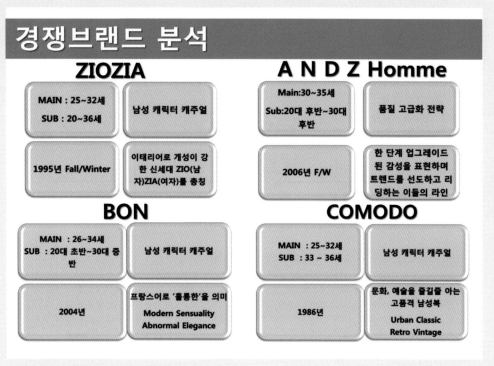

경쟁브랜드 분석

ZIOZIA

MAIN : 25~32세 SUB : 20~36세	남성 캐릭터 캐주얼
1995년 Fall/Winter	이태리어로 개성이 강한 신세대 ZIO(남자)ZIA(여자)를 총칭

A N D Z Homme

Main:30~35세 Sub:20대 후반~30대 후반	품질 고급화 전략
2006년 F/W	한 단계 업그레이드 된 감성을 표현하며 트렌드를 선도하고 리딩하는 이들의 라인

BON

MAIN : 26~34세 SUB : 20대 초반~30대 중반	남성 캐릭터 캐주얼
2004년	프랑스어로 '훌륭한'을 의미 Modern Sensuality Abnormal Elegance

COMODO

MAIN : 25~32세 SUB : 33 ~ 36세	남성 캐릭터 캐주얼
1986년	문화, 예술을 즐길줄 아는 고품격 남성복 Urban Classic Retro Vintage

7 표적시장 설정 ▶ 경쟁 브랜드 분석

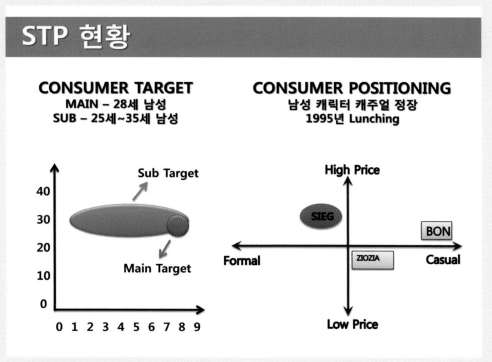

STP 현황

CONSUMER TARGET
MAIN – 28세 남성
SUB – 25세~35세 남성

CONSUMER POSITIONING
남성 캐릭터 캐주얼 정장
1995년 Lunching

8 표적시장 설정 ▶ STP 분석 ▶ 브랜드 포지셔닝

SWOT 분석

고급화 (백화점 입점브랜드) 소재의 고급화, 전통성, 부유한 매니아 층 확보 경쟁 캐릭터 캐주얼 브랜드보다 충성도 높은 고객층	마케팅 전략부족, 홍보 부족 브랜드명의 혼동: 영어 스펠링과는 달리 '지이크'라고 불리는 차이점에서 언어적혼동
최근 남성들도 패션과 뷰티에 많은 관심과 투자를 아끼지 않음 국내에 남성복의 아이콘이 될 만한 브랜드가 미흡함	남북경색에 따른 개성공단 문제 글로벌 경제 위기는 국내 남성복 시장의 경색 야기

S-O 전략(강점-기회)	S-T 전략(강점-위협)	W-T 전략(약점-위협)	W-O 전략(약점-기회)
-중국 시장 공략 가속화 (중국 현지 매장에 맞게 구성하는 리미티드 에디션 제품 공급 및 중국 소비자 취향에 맞는 맞춤형 제품을 공급)	-비접착 스타일링에 대한 소비자 홍보를 위한 POP 제작과 별토의 마케팅 진행 -적합한 가격대비 좋은 원단으로 승부해 호감도 상승을 노림	-유통망의 과다한 확장 보다는 점 평균 매출을 극대화하고 브랜드 매니아 층 형성 -탑 모델 소지섭과의 전속 계약 2년 연장과 함께 PPL 홍보 전략	-다양한 마케팅 전략을 통해 대중들에게 브랜드 이미지를 심어 젊은 층 사이에서 더욱 선호도를 높이는 전략

9 브랜드 전략 설정 ▶ SWOT 분석

4P's Mix 분석

Place	• 백화점(SIEG)&가두점(SIEG FAHRENHEIT)으로 세분화를 통해 백화점 유통망만을 사용하는 지이크(SIEG) 브랜드의 고급화
Price	• Time homme, Solid homme 등 고급 정장 대비 40% 저렴한 가격인 최대 60만원선 • 개성공단을 이용 낮은 생산비 유지해 10~20만원대에 합리적인 가격(지이크파렌하이트)
Promotion	• 스타 마케팅(강지환 소지섭 등) • 각종 드라마, 영화에 자사 제품을 협찬(PPL을 통한 브랜드 이미지의 상승 효과)
product	• 20~30대를 타겟으로 트랜디 스타일 제품을 제공 • Suit의 사이즈 스펙을 새롭게 조정하고 New Slim 라인을 출시하는 등 Suit의 다양화를 실현 • 주단위의 상품출고▶고객만족/매장의 신선도 유지

10 브랜드 전략 설정 ▶ 4P's Mix 전략

브랜드 차별화 전략

플래그쉽 스토어

지이크의 가두점이 아닌 홍보용 플래그쉽 스토어를 오픈하여 홍보
대표지역에 하나씩 오픈하여 매장별 DP와 인테리어를 달리하여 이색적인
매장 운영

TARGET의 변화

현재 Main 28t세 Sub25~35세로 되어있는 것을 Main 27~30세 Sub
25~40세로 조정
젊은 감각을 유지하는 40세 이하의 직장인들을 포함시켜 폭넓은 소비층
을 확대

Suit Size의 세분화

체형의 다양화를 고려하여 조금 더 세분화된 사이즈와 패턴을 개발

11 브랜드 전략 설정 ▶ 4P's Mix 차별화 전략

DESIGN CONCEPT

CHIC + NATURAL

- 현재 컨셉인 Morden Classic 에서의 변화
- Limited edition 전략 및 고가마케팅
- 유니크한 아이템으로 소장가치의 극대화
- 컬렉션을 통한 디자인발표
- 라인을 최소화 하며 Classic에 가까운 디자인

SOFT + FLOW

- 현재 컨셉인 Minimal Chic 에서의 변화
- 브랜드 내에서 저가, 보급형 디자인
- 차가운 이미지, 젊은 이미지 연출
- 백화점 브랜드라는 이미지 탈피

12 디자인 컨셉 설정 ▶ 시즌 디자인 컨셉

THEME 1

CHIC + NATURAL

바쁜 도시 속에 살아가는 현대인들이 자연 속에 살아가고 있음을 느껴, 자연과 도시의 조화를 이룬다.

13 디자인 컨셉 설정 ▶ 테마별 이미지맵_Theme 1

THEME 2

SOFT + FLOW

간결하면서도 유기적인 형태로 융합되어 천천히 물들어가다.

14 디자인 컨셉 설정 ▶ 테마별 이미지맵_Theme 2

15 색채 기획과 소재 기획_Theme 1

16 디자이닝 ▶ 스타일링맵

도식화

Suit

Coat

Shirts

Vest

Pants

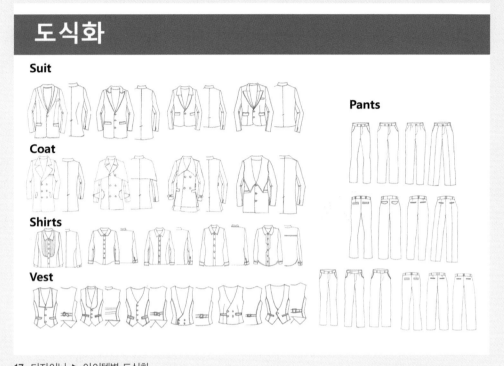

17 디자이닝 ▶ 아이템별 도식화

작업지시서

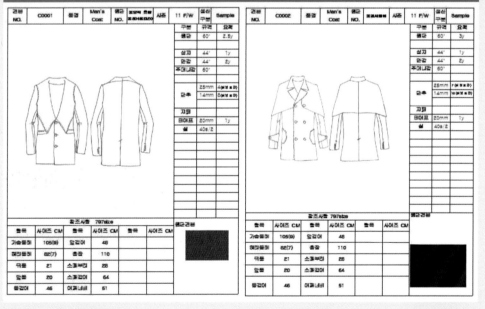

견본 NO.	C0001	품명	Man's Coat	캘러 NO.		시즌	11 F/W

구분	규격	요척
핑군	60"	2.5y
실지	44"	1y
안감	44"	2y
주머니감	60"	
단추	25mm	4(W x P)
	14mm	5(W x P)
지퍼		
마이프	20mm	1y
실	40s/2	

참조사항 797size

항목	사이즈 CM	항목	사이즈 CM	항목	사이즈 CM
가슴둘레	105(9)	앞길이	48		
허리둘레	82(7)	총장	110		
유폭	21	소매부리	28		
앞품	20	소매길이	64		
뒤길이	46	어깨너비	51		

견본 NO.	C0002	품명	Man's Coat	캘러 NO.		시즌	11 F/W

구분	규격	요척
핑군	60"	3y
실지	44"	1y
안감	44"	2y
주머니감	60"	
단추	25mm	7(W x P)
	14mm	10(W x P)
지퍼		
마이프	20mm	1y
실	40s/2	

참조사항 797size

항목	사이즈 CM	항목	사이즈 CM	항목	사이즈 CM
가슴둘레	105(9)	앞길이	48		
허리둘레	82(7)	총장	110		
유폭	21	소매부리	28		
앞품	20	소매길이	64		
뒤길이	46	어깨너비	51		

18 디자이닝 ▶ 작업지시서

4. 아동복 브랜드의 디자인 포트폴리오

스포츠 의류 브랜드 KAPPA의 키즈라인 브랜드인 KAPPA KIDS의 상품기획 과정을 제시한 포트폴리오로, 아웃도어 브랜드의 키즈라인 런칭이 증가하고 있는 시장에서 경쟁 브랜드 분석을 통해 새로운 이미지와 컨셉을 반영한 상품기획부터 VMD까지의 과정을 진행하였다.

1 아동복 브랜드 디자인기획 포트폴리오

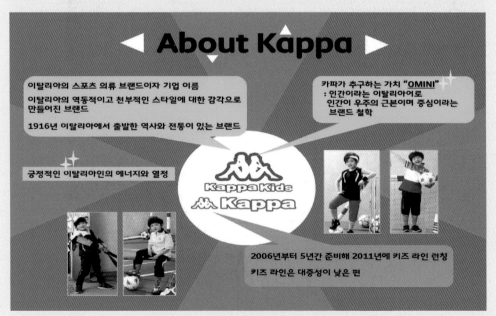

2 About Brand

시장규모

한국 패션시장 규모 55조원			
주요 기관별 패션 시장규모 증감율 비교			
◆ MPI			
항목/연도	2012	2013	2013규모(조원)
300개 패션기업 판매액	5.3%	5.0%	
MPI 추정	5.35	5.0%	55.0
◆ 삼성패션연구소			
항목/연도	2012	2013	2013규모(조원)
삼성패션연구소	3.5%	2.0%	35.0
◆ 통계청		소매판매액 기준	
항목/연도	2012	2013	2013규모(조원)
의복	4.0%	5.7%	50.5
신발 및 가방	12.8%	8.6%	11.8
의류산발가방소계	5.5%	6.3%	62.3
		가계소비지출 기준	
항목/연도	2012	2013	2013규모(조원)
의류	7.7%	3.0%	27.5
신발	8.0%	-3.2%	4.5
의류신발소계	7.8%	2.1%	32.0

주) MPI추정치: 외감 패션기업 매출액 기준 판매액(40조) + 비외감 패션기업(5조) + 논 브랜드제품 판매액(10조)
소매판매액:통계청 도소매판매액 경상금액 기준
가계소비지출:통계청 월평균 가계 패션관련지출 소비에 X 가구수 X 12(개월)
출처)http://www.frinews.com/news/20140904176557435

관련 산업정보

[아웃도어, 스포츠 상품군 백화점 매출 신장률]

아웃도어 스포츠 업계, '키즈' 잡기가 포화상태 시장 돌파구

마케고릭 학보, 1+1 판매 효과

아웃도어, 키즈 라인으로 돌파구 마련

기사입력 2014-05-08

아동복, 아웃도어 키즈 라인에 역공

기능성·가격 내세운 스포츠 아웃도어 강화

아웃도어 키즈시장 판 커진다...후발주자 대거 '입성'

뉴스토리로 김수길 2014.09.18.17.11.04

블랙야크·새르반 매상 목표 올이고 밀라키즈 매출 역신창

3 정보분석 ▶ 마케팅 환경 정보분석

	Reworked Classic	Frozen Tech	Work In Process	Dark Primary
Influence	클래식과 키치 무드가 만나 편한 컨템포러리 스타일을 연출한다	녹고 있는 빙하와 죽어가는 북극곰을 살리려는 유스들의 적극적인 환경에 대한 관심에 기술과 디자인이 더해져 새로운 트렌드로 떠오른다	새로운 도시 재건을 위하여 'do-er' 세대는 소매를 걷고 미래로 나아간다	다크 스트리트와 원시적 모티브가 스트리트 웨어에 가장 큰 방향석이 된다
Color				
Fabric & Pattern	-클래식 패턴과 소재를 업데이트한다. -세가지 톤의 하운드 투스 -코팅한 플리스 소재 -레트로 지오메트릭 니트와 프린트 패턴을 심플하고 모던하게 풀어낸다. -폴리에스터 플래드 체크 -레이저 프린트한 그래픽 그리드 -스트라이프를 준 벨벳과 쿠듀로이 소재	-파스텔 컬러의 부드럽고 편안한 니트소재 -타이다이 프린트의 파인 저지 -마시멜로우 형태의 패딩 또는 네오프렌 -슈가 캔디를 연상시키는 부클레니트 -퍼가 덧대어진 소프트 쉘 -프린트된 브러시드 울 소재	-견고한 산업 자재에서 영감 -보호적인 콘크리트나 발포고무 느낌소재 -다이아몬드 또는 격자무늬 퀼팅 -찢어지는 것을 막도록 내구성을 더한 패브릭 -레트로 필 코팅 -테크니컬 타프타 -투 톤 텍스처 짜임의 방소소재 엠브레이 -워터프루프 허니콤 자카트 -헤비한 레진 코팅 소재	-화석 느낌의 엠보싱 레더 -을 오버 레이저 프린트 테크니컬 데님 -태우거나 상처내고 꿰맨 드스트로이드 데님 -글로시한 미드나이트 블루레더 -닳고, 울퉁불퉁한 그레인 효과의 페리크 레더 -성글게 짠 니트 요철감있는 멜란지 니트 -가죽과 네오프렌의 믹스
Style				

4 정보분석 ▶ 트렌드 정보분석

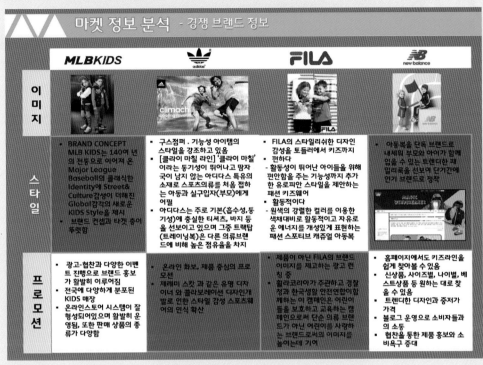

마켓 정보 분석 - 경쟁 브랜드 정보

	MLBKIDS	adidas	**FILA**	new balance
이미지				
스타일	• BRAND CONCEPT MLB KIDS는 140여 년의 전통으로 이어져 온 Major League Baseball의 클래식한 Identity에 Street& Culture감성이 더해진 Global감각의 새로운 KIDS Style을 제시 • 브랜드 컨셉과 타겟 층이 뚜렷함	• 구스점퍼 . 기능성 아이템의 스타일을 강조하고 있음 • [클라이 마칠 라인] '클라이 마칠'이라는 통기성이 뛰어나고 땀자국이 남지 않는 아디다스 특유의 소재로 스포츠의류를 처음 접하는 아동과 실구입자(부모)에게 어필 • 아디다스는 주로 기본(흡수성,통기성)에 충실한 티셔츠, 바지 등을 선보이고 있으며 그중 트랙탑(트레이닝복)은 다른 의류브랜드에 비해 높은 점유율을 차지	• FILA의 스타일리쉬한 디자인 감성을 토들러에서 키즈까지 펼한다 - 활동성이 뛰어난 아이들을 위해 편안함을 주는 기능성까지 추가한 유로피안 스타일을 제안하는 패션 키즈웨어 • 활동적이다 - 원색의 강렬한 컬러를 이용한 색채대비로 활동적이고 자유로운 에너지를 개성있게 표현하는 패션 스포티브 캐쥬얼 아동복	• 아동복을 단독 브랜드로 내세워 부모와 아이가 함께 입을 수 있는 트렌디한 패밀리룩을 선보여 단기간에 인기 브랜드로 정착
프로모션	• 광고·협찬과 다양한 이벤트 진행으로 브랜드 홍보가 활발히 이루어짐 • 전국에 다양하게 분포된 KIDS 매장 • 온라인스토어 시스템이 잘 형성되어있으며 활발히 운영됨, 또한 판매 상품의 종류가 다양함	• 온라인 화보, 제품 중심의 프로모션 • 제레미 스캇 과 같은 유명 디자이너 와 콜라보레이션 디자인개발로 인한 스타일 감성 스포츠웨어의 인식 확산	• 제품이 아닌 FILA의 브랜드 이미지를 제고하는 광고 런칭 중 • 휠라코리아가 주관하고 경찰청과 한국생활 안전연합이함께하는 이 캠페인은 어린이들을 보호하고 교육하는 캠페인으로써 단순 의류 브랜드가 아닌 어린이를 사랑하는 브랜드로써의 이미지를 높이는데 기여	• 홈페이지에서도 키즈라인을 쉽게 찾아볼 수 있음 • 신상품, 사이즈별, 나이별, 베스트상품 등 원하는 대로 찾을 수 있음 • 트렌디한 디자인과 중저가 가격 • 블로그 운영으로 소비자들과의 소통 • 협찬을 통한 제품 홍보와 소비욕구 증대

5 정보분석 ▶ 경쟁 브랜드 분석

STP 분석

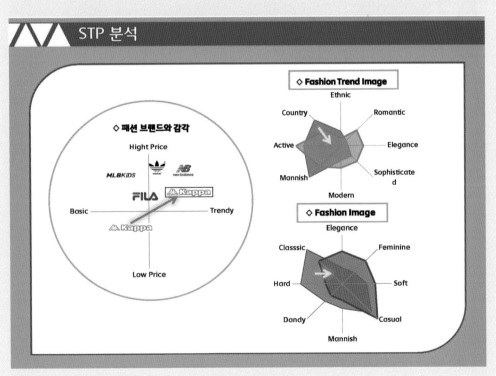

◇ **패션 브랜드와 감각**

◇ **Fashion Trend Image**

◇ **Fashion Image**

6 표적시장 설정 ▶ STP 분석

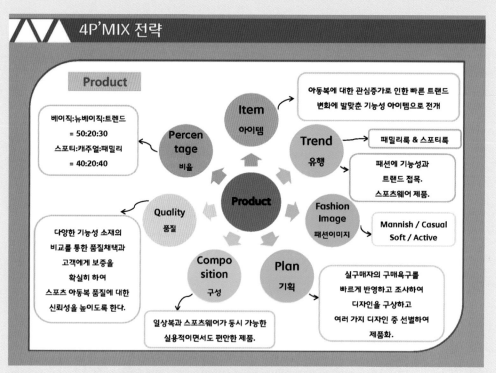

4P'MIX 전략

Product

Percentage 비율
베이직:뉴베이직:트렌드
= 50:20:30
스포티:캐주얼:패밀리
= 40:20:40

Item 아이템
아동복에 대한 관심증가로 인한 빠른 트렌드 변화에 발맞춘 기능성 아이템으로 전개

Trend 유행
패밀리룩 & 스포티룩

패션에 기능성과 트랜드 접목. 스포츠웨어 제품.

Fashion Image 패션이미지
Mannish / Casual
Soft / Active

Product

Quality 품질
다양한 기능성 소재의 비교를 통한 품질채택과 고객에게 보증을 확실히 하여 스포츠 아동복 품질에 대한 신뢰성을 높이도록 한다.

Composition 구성
일상복과 스포츠웨어가 동시 가능한 실용적이면서도 편안한 제품.

Plan 기획
실구매자의 구매욕구를 빠르게 반영하고 조사하여 디자인을 구상하고 여러 가지 디자인 중 선별하여 제품화.

7 브랜드 전략 ▶ 4P's Mix(Product)

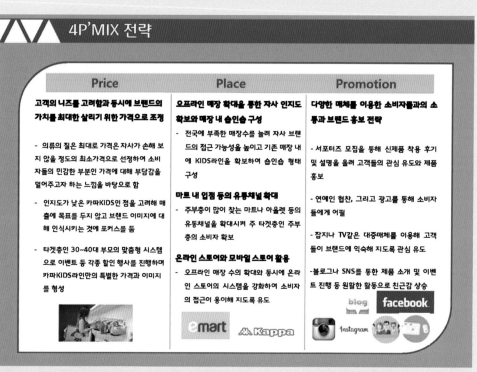

4P'MIX 전략

Price	Place	Promotion
고객의 니즈를 고려함과 동시에 브랜드의 가치를 최대한 살리기 위한 가격으로 조정	**오프라인 매장 확대를 통한 자사 인지도 확보와 매장 내 숍인숍 구성**	**다양한 매체를 이용한 소비자들과의 소통과 브랜드 홍보 전략**

Price

고객의 니즈를 고려함과 동시에 브랜드의 가치를 최대한 살리기 위한 가격으로 조정

- 의류의 질은 최대로 가격은 자사가 손해 보지 않을 정도의 최소가격으로 선정하여 소비자들의 민감한 부분인 가격에 대해 부담감을 덜어주고자 하는 느낌을 바탕으로 함

- 인지도가 낮은 카파KIDS인 점을 고려해 매출에 목표를 두지 않고 브랜드 이미지에 대해 인식시키는 것에 포커스를 둠

- 타겟층인 30~40대 부모의 맞춤형 시스템으로 이벤트 등 각종 할인 행사를 진행하며 카파KIDS라인만의 특별한 가격과 이미지를 형성

Place

오프라인 매장 확대를 통한 자사 인지도 확보와 매장 내 숍인숍 구성

- 전국에 부족한 매장수를 늘려 자사 브랜드의 접근 가능성을 높이고 기존 매장 내에 KIDS라인을 확보하여 숍인숍 형태 구성

마트 내 입점 등의 유통채널 확대

- 주부층이 많이 찾는 마트나 아울렛 등의 유통채널을 확대시켜 주 타겟층인 주부층의 소비자 확보

온라인 스토어와 모바일 스토어 활용

- 오프라인 매장 수의 확대와 동시에 온라인 스토어의 시스템을 강화하여 소비자의 접근이 용이해 지도록 유도

Promotion

다양한 매체를 이용한 소비자들과의 소통과 브랜드 홍보 전략

- 서포터즈 모집을 통해 신제품 착용 후기 및 설명을 올려 고객들의 관심 유도와 제품 홍보

- 연예인 협찬, 그리고 광고를 통해 소비자들에게 어필

- 잡지나 TV같은 대중매체를 이용해 고객들이 브랜드에 익숙해 지도록 관심 유도

- 블로그나 SNS를 통한 제품 소개 및 이벤트 진행 등 원활한 활동으로 친근감 상승

8 브랜드 전략 ▶ 4P's Mix(Price, Place, Promotion)

[VMD] For FE:STA

strategy 1

Shop in shop

카파 매장안에
카파와 카파 아동복을 같이 디스플레이
하여 기존 카파 브랜드성을 살린 홍보.

탈의실의 개수는 3~6개 사이로
구비.

진열대 사이마다 전신거울을
설치하여
고객이 편하게 상품을 비교해
볼 수 있도록 함.

조명은 각 파트 별로
상품을 돋보일 수 있도록 설치.

매장에 배치되는 의류들
모두 편하게 입어볼 수 있도
록 편의를 드리고 판매상품
은 포장된 새것으로 판매.

마네킹은 디스플레이존에만
배치.

strategy 2

Family look

샵인샵 형태의 매장배치를 활용해
카파 구매자의 패밀리룩 구매욕구
를 자극,
시너지 효과 기대.

창고와 카운터를 연결하여
바로 상품을 찾아 줄 수 있도록
함.

고급스러움을 주기 위해
행거는 움직이거나 이동할 수
있는 것이 아닌 매장 자체에 고
정되도록 인테리어.

마네킹에 성인과 아동사이
즈를 함께 배치함으로 패
밀리룩 구매 욕구 자극.

들어오는 입구와 나가는 출
구를 따로 만들어 동선유
도.

9 브랜드 전략 ▶ 4P's Mix(Promotion_VMD)

10 디자인 컨셉 설정 ▶ 디자인 방향 설정

11 디자인 컨셉 설정 ▶ 테마별 이미지맵_Theme 1

■ 가볍고 신축성이 좋은 저지류, 세탁성이 뛰어나고 오염
에 강한 소재 제안. 민감성 피부를 위한 천연소재 사용

12 소재 기획 ▶ Theme 1

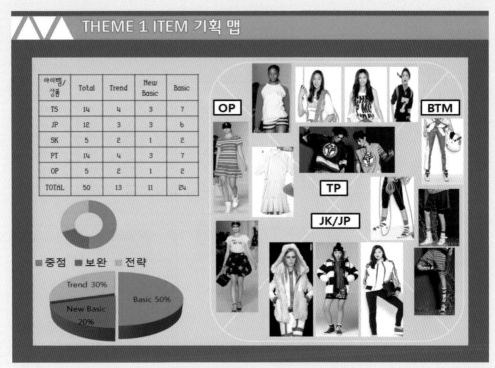

THEME 1 ITEM 기획 맵

아이템/상품	Total	Trend	New Basic	Basic
TS	14	4	3	7
JP	12	3	3	6
SK	5	2	1	2
PT	14	4	3	7
OP	5	2	1	2
TOTAL	50	13	11	24

■ 중점 ■ 보완 ■ 전략

Trend 30%
New Basic 20%
Basic 50%

OP
BTM
TP
JK/JP

13 아이템 기획 ▶ Theme 1

THEME 1 디자인 일러스트

14 디자이닝 ▶ 스타일링맵_Theme 1

작 업 지 시 서

BRAND	**KAPPA FE:STA**	Style No.	1
SEASON	F/W	ITEM	JP. OP

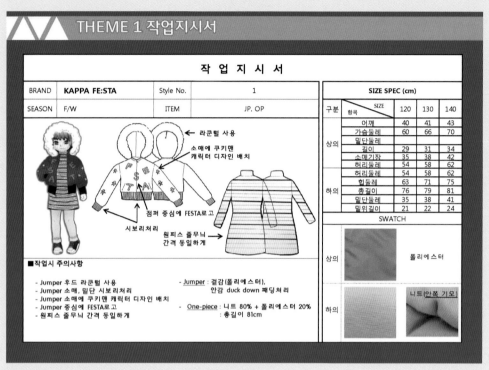

← 라쿤털 사용

소매에 쿠키맨
캐릭터 디자인 배치

점퍼 중심에 FESTA로고

시보리처리

원피스 줄무늬
간격 동일하게

■작업시 주의사항

- Jumper 후드 라쿤털 사용
- Jumper 소매, 밑단 시보리처리
- Jumper 소매에 쿠키맨 캐릭터 디자인 배치
- Jumper 중심에 FESTA로고
- 원피스 줄무늬 간격 동일하게

- <u>Jumper</u> : 겉감(폴리에스터),
  안감 duck down 패딩처리

- <u>One-piece</u> : 니트 80% + 폴리에스터 20%
  : 총길이 81cm

SIZE SPEC (cm)

구분	항목 \ SIZE	120	130	140
상의	어깨	40	41	43
	가슴둘레	60	66	70
	밑단둘레			
	길이	29	31	34
	소매기장	35	38	42
	허리둘레	54	58	62
하의	허리둘레	54	58	62
	힙둘레	63	71	75
	총길이	76	79	81
	밑단둘레	35	38	41
	밑위길이	21	22	24

SWATCH

상의	폴리에스터
하의	니트(안쪽 기모)

15 디자이닝 ▶ 작업지시서_Theme 1

16 디자인 컨셉 설정 ▶ 테마별 이미지맵_Theme 2

17 디자이닝 ▶ 스타일링맵_Theme 2

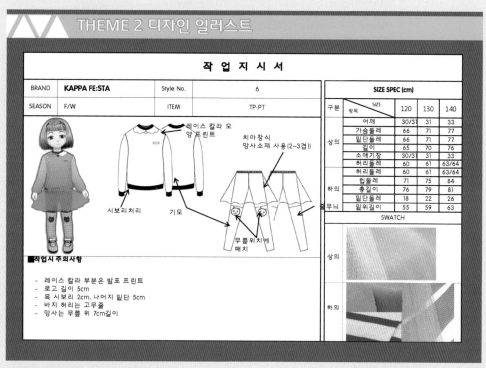

작 업 지 시 서

BRAND	**KAPPA FE:STA**	Style No.	6
SEASON	F/W	ITEM	TP·PT

SIZE SPEC (cm)

구분	항목	120	130	140
상의	어깨	30/31	31	33
	가슴둘레	66	71	77
	밑단둘레	66	71	77
	길이	65	70	76
	소매기장	30/31	31	33
	허리둘레	60	61	63/64
하의	허리둘레	60	61	63/64
	힙둘레	71	75	84
	총길이	76	79	81
	밑단둘레	18	22	26
무늬	밑위길이	55	59	63

SWATCH	
상의	
하의	

레이스 칼라 모
양 프린트

치마장식
망사 소재 사용(2~3겹))

시보리처리   기모

무릎위치에
패치

■작업시 주의사항

- 레이스 칼라 부분은 발포 프린트
- 로고 길이 5cm
- 목 시보리 2cm, 나머지 밑단 5cm
- 바지 허리는 고무줄
- 망사는 무릎 위 7cm길이

18 디자이닝 ▶ 작업지시서_Theme 2

5. 졸업패션쇼 기획 포트폴리오

학생들의 졸업작품 컨셉 기획부터 패션쇼까지의 과정을 정리한 포트폴리오이다.
패션쇼의 컨셉에 따른 이미지맵과 디자인 구상, 도식화, 패턴 메이킹과 소재 선택부터 재단 및 봉제, 스튜디오 촬영
과 패션쇼까지의 과정을 정리하였다.

1 졸업작품 의상의 제작 과정을 정리한 포트폴리오

2 패션쇼 컨셉

Contents

1. 조형언어
2. Image Map & Title
3. 디자인구상, Silhouette & Color
3. 도식화
4. Schematization
5. Pattern Making
6. Material & Subsidiary Materials
7. Development of Materials
8. Cut out Material
9. Sewing
10. Making Schedule
11. Studio Shooting
12. Fashion Show

3 목차

4 조형 언어

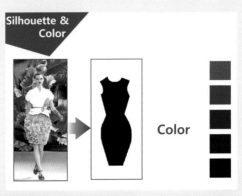

5 작품의 주제 설정 및 이미지 맵

6 실루엣 & 컬러 설정

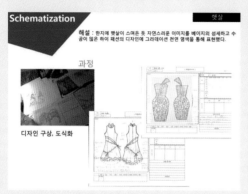

7 디자인 구상 및 도식화 제작

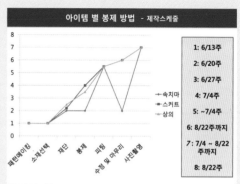

8 아이템별 봉제 방법 및 제작 스케줄

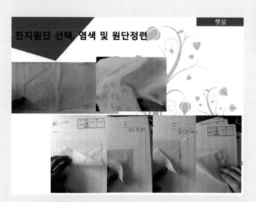

9 원단 선택과 염색 및 정련

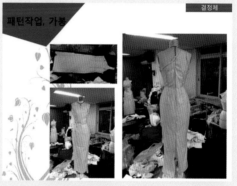

10 패턴메이킹 작업 및 가봉

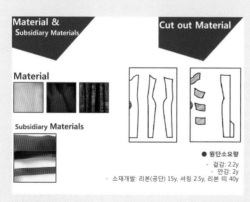

11 원단 및 커팅

12 봉제

13 봉제

14 봉제 디테일 및 액세서리 제작

15 패션쇼 코디네이션

16 도록 촬영 및 패션쇼 준비

17 스튜디오 촬영 및 패션쇼

18 졸업작품 전시회

6. 온라인-패션쇼 기획 포트폴리오

가상 브랜드의 컨셉을 적용한 패션쇼 기획 과정으로, 기존 디자이너의 스타일 바잉을 통해 의상을 선정하고 무대 디자인 및 음악과 워킹을 포함한 가상의 패션쇼를 포토샵과 파워포인트 프로그램을 이용하여 진행하는 과정을 정리하였다.

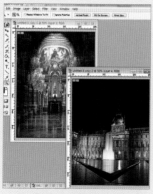

1 포토샵에서 무대 이미지 제작

2 파워포인트의 배경 삽입_1

3 파워포인트의 배경 삽입_2

4 음악 삽입과 스타일 이미지 삽입

5 스타일 이미지에 애니메이션 삽입

6 포스터

7 SHOW

8 SHOW

9 SHOW_ 피날레

7. 3D CAD 프로그램을 이용한 패션쇼 기획 포트폴리오

TexPro 3D CAD 프로그램을 이용하여 가상의 패션쇼를 기획한 포트폴리오로, 플랫 패턴의 소재, 컬러 및 프린트 패턴 변화를 이용한 스타일 변형과 프로그램을 통해 완성된 착장 스타일을 소개하는 무대별 패션쇼 기획 과정을 정리하였다.

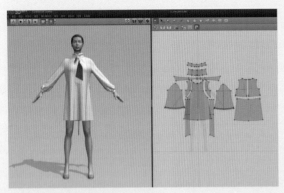

1 원피스 스타일(좌)과 플랫 패턴(우)

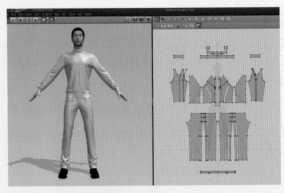

2 남성복의 스타일(좌)과 플랫 패턴(우)

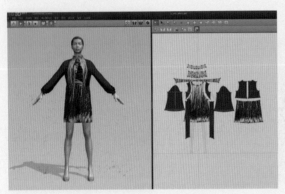

3 1번 스타일에 디테일 변화를 준 스타일과 패턴

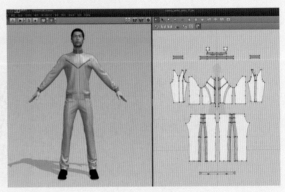

4 2번 스타일에 디테일 변화를 준 스타일과 패턴

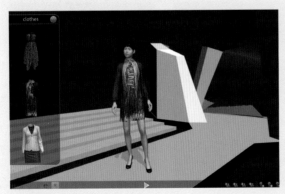

5 무대 위에 올려진 3번의 스타일

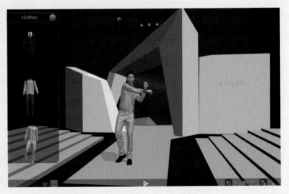

6 무대 위에 올려진 4번의 스타일

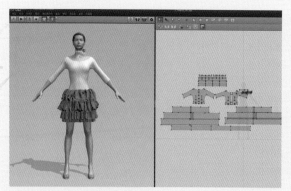

7 원피스 스타일(좌)과 플랫 패턴(우)

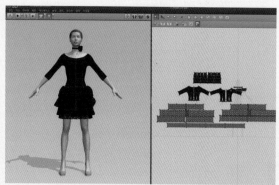

8 7번 스타일에 디테일 변화를 준 스타일과 패턴

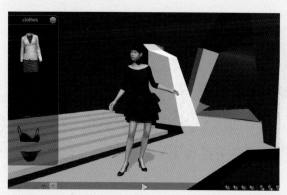

9 무대 위에 올려진 8번의 스타일

10 SHOW_1

11 SHOW_2

12 SHOW_3

8. 창업 기획 포트폴리오

여성기업인연합회 주최, 미래 여성기업 창업 아이디어 공모 경진대회에서 수상한 갤러리 브랜드 'HANDMARK'의 Factory형 창업 아이디어를 정리한 포트폴리오이다. 'HANDMARK'는 재활용 패션상품의 수공예적 제작을 주제로 창업 아이디어를 제출하였다.

1 표지와 브랜드명

2 목차

3 브랜드 소개_1

4 브랜드 소개_2

5 시즌 테마

6 디자인 & 스타일링_1

7 디자인 & 스타일링_2

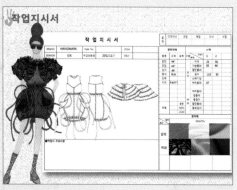

8 작업지시서

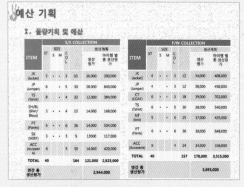

9 예산 기획 ▶ 물량기획 및 예산

10 예산 기획 ▶ 매장운영 예산

11 기대효과_1

12 기대효과_2

9. 해외유학용 포트폴리오

미국 내 패션스쿨의 경우 학교의 특성에 따라 'Art'에 중점을 두는 학교는 지원자의 'fine art' 감각을 확인할 수 있는 드로잉이나 창작품을 위주로 하는 작품을 특별한 제한 없이 포트폴리오로 심사하며, F.I.T와 같이 'Fashion' 자체에 중점을 두는 학교는 자체적으로 정해진 양식을 제공하여 이에 맞게 제작된 포트폴리오만을 심사대상으로 하기도 한다. 일반적으로 미국 패션스쿨에 비해 영국의 패션스쿨은 좀 더 자유로운 아이디어와 창작물이 포함된 포트폴리오를 선호하는 편이다.

미국 F.I.T의 'Fashion Design AAS 과정' 지원 포트폴리오 구성 양식

- PART ONE: Design TEST: Project One: Mix-and-Match Designs
  Submit as Color copies only on 8 1/2 inch x 11 inch paper, with actual swatches attached.

- PART ONE: Design Test: Project Two: Fashion Artwork
  Submit as Color copies only on 8 1/2 inch x 11 inch paper, with actual swatches attached.

- PART TWO: Sewing Test
  Bring actual garments. You will take them home after the portfolio review.
  If unable to bring garments, submit as digital or scanned photos on 8 1/2 inch x 11 inch paper.

- PART THREE: Written Essay
  Print Question and answer on 8 1/2 x 11 inch paper.

- PART FOUR: Fashion Design Portfolio Cover Page
  Print, complete and present as the first page of your portfolio submission.

- PART ONE: 프로젝트1-믹스 앤 매치 디자인(학기별로 주제가 다를 수 있음)
  스와치를 부착한 A4 사이즈의 컬러카피를 제출한다.

- PART ONE: 프로젝트2-패션 아트워크
  스와치를 부착한 A4 사이즈의 컬러카피를 제출한다.

- PART TWO: Sewing Test
  실제 작품 제출(심사 후 반환 가능) 또는 A4 사이즈의 사진으로 제출한다.

- PART THREE: 에세이
  A4 사이즈의 질문과 답변 내용을 작성한다.

- PART FOUR: 패션디자인 포트폴리오 커버 페이지

영국 Central Saint Martins College of Art and Design의 'BA(Honours) Fashion: Fashion Design Womenswear 과정' 지원 포트폴리오 구성 양식

International applicants applying directly to Central Saint Martins

All design pathways

We read and consider all application forms and personal references. If you meet the entry requirements, please submit with your application, as part of an initial selection process, a non-returnable mini-portfolio consisting of 10 x A4 sheets of work (or equivalent size in your country)

Mini-portfolio

- 3 x sheets of research images for fashion design. (Drawings/notes/photographs/images of items which you find inspirational for fashion design .)
- 3 x sheets of fashion design sketches. (Sketches demonstrating your development of a fashion theme.)
- 2 x sheets of finished fashion illustrations. (Using colour and demonstrating your skills of presentation, these could be hand drawn and painted or collage or computer images.)
- 2 x sheets of any other work you would like to include.

Mini-portfolios for all pathways should be sent to the International admission team, (see below)

Please note that due to the high number of applicants the mini folio is non-returnable and cannot be collected. You should scan, photograph or photocopy examples of your work. Please do not send original work

Following assessment of your mini-portfolio, you may be invited to submit a portfolio of original work and attend a portfolio review at the college or send in a full portfolio of work if you are based outside of the UK

If you are selected to send your portfolio by post you should send either a non-returnable A4 portfolio or a non-returnable USB documenting your recent progress and resolution of ideas. Work Please refer to the portfolio advice above in preparing your postal portfolio, but also remembering:

- The quality of the work is more important than the quantity
- Please supply title, media and dimensions of each piece, bottom left of the image
- Where possible, scan rather than photograph work. Large or 3-dimensional work should be photographed
- Please organise your work by project, with supporting work presented alongside final outcomes
- Make sure you label your A4 portfolio or USB with your name

If presenting your work on USB:

- All portfolio images should be arranged in a single PDF file
- Individual images imported into PDF files should be no larger than 1024 x 768 pixels

미니 포트폴리오

지원 서류와 함께 A4 사이즈 10매 분량의 포트폴리오를 제출하며 반환되지 않으므로, 원본이 아닌 스캔 이미지 또는 사진을 국제 입학팀에 전송한다.

- 3장 분량의 패션디자인 리서치 이미지: 패션 디자인의 영감이 될 드로잉, 노트, 사진, 이미지 등.
- 3장 분량의 패션디자인 스케치: 패션테마를 표현하는 스케치.
- 2장 분량의 완성된 패션 일러스트레이션: 컴퓨터 작업 또는 수작업의 컬러 일러스트레이션 작업을 통한 본인의 재능 표현.
- 2장 분량의 자유 표현: 자신이 포함하고자 하는 내용.

미니 포트폴리오의 평가에 따라, 오리지널 작품의 포트폴리오를 제출하고 대학에서 포트폴리오 리뷰에 참석하거나 전체 포트폴리오를 제출한다.
(제출한 포트폴리오는 반환되지 않으며, A4 사이즈의 실물 또는 USB에 파일로 제출한다.)

- 작품의 질이 양보다 더 중요하다.
- 이미지의 좌측 아래에 제목을 명시하고, 미디어와 각 부분의 치수를 제출한다.
- 가능한 사진 촬영본 보다 스캔한 이미지를 제출하며 대형 또는 3차원 입체 작품은 반드시 촬영한다.
- 작품을 주제별로 구분하며, 최종 결과물과 함께 자료가 되는 작품도 제시한다.
- A4 포트폴리오 또는 USB에 이름을 반드시 부착한다.

USB에 작업을 제시하는 경우:

- 모든 포트폴리오 이미지는 하나의 PDF 파일로 배열되어야 하며 1024 × 768 픽셀보다 크지 않은 사이즈로 제출한다.

미국 F.I.T의 'Fashion Design AAS 과정'지원 포트폴리오로, 학기별로 주어지는 디자인 프로젝트 컨셉에 적합한 이미지맵과 이를 바탕으로 한 디자인을 스타일 일러스트와 도식화, 소재 스와치를 통해 전개한 후 직접 제작한 작품의 촬영까지의 과정을 포함한다.

1. Portfolio Cover Page

2. Project 1_ Mix and Match_ 이미지맵

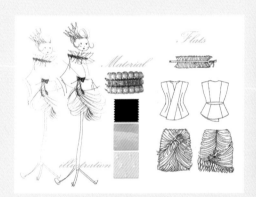

3. Project 1_ Mix and Match_ 스타일과 도식화, 스와치

4. Project 1_ Mix and Match_ 패턴 및 봉제

5. Project 1_ Mix and Match_ 완성

6. Project 1_Mix and Match_모델 착장 모습

국내 논문 및 문헌

고은미(2005). 디자인 매니지먼트와 아이덴티티에 관한 연구. 이화여자대학교 대학원.

고은주 외(2008). 마케팅: 패션트렌드와의 만남. 박영사.

공미선(2003). 크리에이티브 패션디자인의 전개방법에 대한 연구. 숙명여자대학교
　　　박사학위논문.

김봉은(2012). 패션산업의 협업에서 패션디자이너의 역할에 관한 연구: 지속가능한 발전을
　　　중심으로. 단국대학교 문화예술대학원.

김소영·박영춘·이문규(2007). 신제품 개발과정에서 미케터와 디자이너의 역할과
　　　커뮤니케이션에 관한 연구. 상품학연구. 제25권 1호.

김은영(2008). 브랜드 디자인경영의 개념정립과 시스템 구축에 관한 연구. 조선대학교
　　　박사학위논문.

김희진(2005). 패션 디자인에 있어서 통합적 사고에 따른 디자인 환경의 변화와 디자이너의
　　　역할. 연세대학교 대학원.

박광희 외(2003). 섬유패션산업. 교학연구사.

박혜선(2002). 패션마케팅과 머천다이징. 학문사.

박혜원 외(2006). 현대패션디자인. 교문사.

산업자원부·한국디자인 진흥원(2004). 디자인 문제해결을 프로세스를 통한 창의성 교육
　　　콘텐츠 개발. 미디어 포스.

삼성경제연구소(2005). 굿디자인의 조건과 기업의 대응.

서성무 외(2006). 패션비즈니스. 형설출판사.

서정희(2005). 소비트렌드 예측의 이론과 방법. 내하출판사.

손일권(2003). 브랜드 아이덴티티. 경영정신.

안광호 외(2005). 패션마케팅. 수학사.

어패럴 뉴스(2007). 한국패션브랜드연감. 어패럴뉴스사.

엄소희·김문숙(2000). 현대복식의 패러다임. 경춘사.

엄소희·유진경(2006). 패션디자인을 위한 포트폴리오. 도서출판 예림.

엄소희, 이윤진(2017). 패션포트폴리오_패션브랜드디자인기획. 도서출판 예림.

엄소희, 안민영, 이연지(2019). 패션디자인 도식화 테크닉. 경춘사.

엄소희, 장윤이(2013). 패션상품 디자인기획. 교문사.

유지선(2002). 패션의류제품의 품질 리스크 관리를 위한 표준작업지시서 시스템 개발.
    건국대 대학원 박사학위논문.

유지선(2009). Apparel Manufacturing(어패럴생산시스템). 교학연구사.

이미연·임지완(2008). 패션 도식디자인북. 교학연구사.

이미정(2008). 패션일러스트레이션을 이용한 패션상품화에 대한 연구. 세종대학교
    박사학위논문.

이선재(2000). 패션비즈니스. 학문사.

이호정·강경영(2004). 패션리테일링. 교문사.

이호정·여은아(2007). 패션유통. 교학연구사.

이호정·정송향(2010). 패션디자인 콜렉션. 교학연구사.

이호정·정송향(2010). 패션머천다이징 실제. 교학연구사.

장은영(2008). 패션유통과 마케팅. 교학연구사.

장인희(2011). 패션시장을 지배하라. 시공아트.

정경원(2003). 사례로 본 디자인과 브랜드 그리고 경쟁력. 웅진북스.

정정희(2009). 패션 하우스 디자인의 아이덴티티: Dior, Balenciaga를 중심으로-Identity of
    fashion house design: Concentrating on Dior, Balenciaga. 건국대학교 디자인대학원.

조규화·이희승(2004) 복식미학. 수학사.

조민정(2004). 패션디자인에 있어서 색채조합에 따른 색채조화유형과 체계연구. 연세대학교
    박사학위논문.

조영아 외(2008). 샵마스터. 시대고시기획.

조주연(2005). 패션색채의 활용에 있어서 색차에 의한 이미지 배색방법 연구.

최윤미(2001). 패션디자인의 창조적 발상과 모형개발에 관한 연구. 서울대학교 박사학위 논문.

케빈 레인켈러(2007). 브랜드 매니지먼트. 비즈니스북스.

한성지(2008). 패션상품디자인. 교학연구사.

국외문헌

Annemarie Iverson(2010). *In Fashion: From Runway to Retail. Everything You Need to Know to Break Into the Fashion Industry*. Clarkson Potter Publishers.

Elinor Renfrew(2009). *Basics Fashion Design 04: Developing a Collection*. Colin Renfrew. AVA Publishing SA.

Gail Baugh(2011). *The Fashion Designer's Textile Directory: A Guide to Fabrics' Properties, Characteristics, and Garment-Design Potential*. Barron's Educational Series.

Helen Goworek(2007). *Fashion Buying*. Blackwell Pub. Professional.

Jenny Udale(2006). *The Fundamentals of Fashion Design*. Richard Sorger. AVA Publishing SA.

Kristen K. Swanson & Judith C. Everett(2007). *Promotion in the Merchandising Environment*. Fairchild Publication Inc.

Leslie Davis Burns, Kathy K. Mulle & Nancy O. Bryant(2011). *The Business of Fashion: Designing, Manufacturing. and Marketing*. Fairchild Books & Visuals.

Levy Michael(2011). *Retailing Management*. Mcgraw Hill/Irwin Professional.

Marianne Bickle(2010). *Fashion Marketing: Theory, Principles & Practice*. Fairchild Books & Visuals.

Mark Tungate(2012). *Fashion Brands: Branding Style from Armani to Zara*. KoganPage.

Mary Wolfe(2009). *Fashion Marketing and Merchandising*. Goodheart-Willcox Pub.

Phyllis Borcherding & Janace Bubonia(2007). *Developing and Branding the Fashion Merchandising Portfolio*. Fairchild Publications. Inc.

Richard Clodfelter(2012). *Retail Buying: From Basics to Fashion*. Fairchild Books & Visuals.

Sandra Burke(2006). *Fashion Artist: Drawing Techniques to Portfolio Presentation*. Partners Pub.Group Inc.

Simon Seivewright(2012). *Basics Fashion Design 01: Research and Design*. AVA Publishing SA.

Steven Faerm(2010). *Fashion Design Course: Principles, Practice, and Techniques: A Practical Guide for Aspiring Fashion Designers*. Barron's Educational Series. Inc.

Virginia Grose(2011). *Basics Fashion Management 01: Fashion Merchandising*. AVA
　　Publishing SA.

기타 자료

국가표준인증종합정보센터 웹사이트(2012). 국가표준> 한국산업표준(KS) KSK0051.

네이버 표준의류사이즈(2014).

리바이스 웹사이트(2011). Levi's® Commuter Collections.

삼성패션연구소 웹사이트.

섬유저널(2013. 2). 국내 의류시장의 세분시장별 점유율 추이.

산업통상자원부(2021) 2020/2021 상반기 업태별 매출구성비

스태티스타 https://www.statista.com

스포츠경향(2009. 11). Lea Seong. 2010 S/S Pret-a-Porter Busan Collection.

신세계 유통산업연구소(2012). 2012년 유통업 전망.

어패럴뉴스(2014). 국내 전개 패션브랜드: 2014~2015.

정무일(2012. 7). 제2회 쌈지길사진공모전.

크리에이티브 커먼즈 웹사이트.

토픽이미지 웹사이트.

통계청 웹사이트.

패션넷코리아(2012. 6). 스타일리포트.

패션비즈·문명선(2008. 1). 영원한 피터팬 브랜드 DNA는?

패션비즈 https://www.fashionbiz.co.kr

패션저널 웹사이트(2012. 4). 빈폴, 휠라 런던올림픽 국가대표 선수단 단복 공개.

한국경제매거진(2011. 11). 캠퍼스Job&Joy 20호.

한국섬유산업연합회(2012. 6). 2012년 패션시장트렌드.

한국인인체치수조사(2006). 신체치수 및 의류치수규격의 국제비교연구 보고서.

한국인인체치수조사(2011). 성별연령별 표준체형.

한국패션산업연구원(2014. 12). 유통점별 패션제품 구매 현황.

한국패션협회(2012. 9). Fashion CEO report. 2012년 패션유통 전망.

Korea Fashion Market Trend 2021상반기 보고서(2021), 산업통상자원부,
　　한국섬유산업연합회, 트랜드리서치

저자 소개

엄소희   이화여자대학교 의류직물학과 졸업
이화여자대학교 디자인대학원 의상디자인 석사
서울여자대학교 대학원 의류학과 박사
미국 California State of University–Northridge 객원교수
삼성그룹공채, (주)신세계백화점 PB 브랜드 디자이너 역임
현재 국립강릉원주대학교 패션디자인학과 교수
저서 현대복식의 패러다임, 패션디자인을 위한 포트폴리오,
패션상품 디자인기획, 패턴디자인 도식화 테크닉

장윤이   연세대학교 생활환경대학원 패션산업정보 석사
(주)에프앤에프 패션정보기획실, 디자이너편집샵 바이어
(주)시공사 패션상품팀, (주)KT커머스 해외사업팀 근무
호서대학교, 여주대학교, 우송대학교 출강
신라면세점, 인디에프, 롱샴, 미샤, 유로물산 특강
현재 트렌드인코리아 패션정보기획 연구원,
국립강릉원주대학교 패션디자인학과 강사
저서 패션상품 디자인기획

FASHION DESIGN 패션상품 디자인기획 포트폴리오 완성하기 PLANNING

2013년 9월 4일 초판 발행 | 2015년 8월 7일 개정판 발행
2022년 2월 28일 3판 발행 | 2024년 1월 20일 3판 2쇄 발행

지은이 엄소희·장윤이
펴낸이 류원식
펴낸곳 **교문사**

편집팀장 성혜진 | **디자인** 신나리 | **본문편집** OPS 디자인

주소 10881, 경기도 파주시 문발로 116
대표전화 031-955-6111 | **팩스** 031-955-0955
홈페이지 www.gyomoon.com | **이메일** genie@gyomoon.com

등록번호 1968. 10. 28. 제406-2006-000035호
ISBN 978-89-363-2323-3(93590)
정가 24,000원